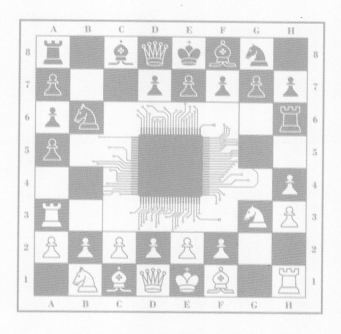

반도체 전쟁
The Semiconductor War

저자의 글

"반도체가 태풍의 길목에 서 있는 것 같아.
우리나라는 괜찮은 거지?"

갑자기 찾아온 찬 바람에 몸과 마음이 무장해제가 되던 12월의 어느 날, 미국과 중국의 갈등을 오랫동안 깊이 파헤쳐온 중앙일간지 기자 선배가 걱정스런 투로 던진 말이다. 미국과 중국 문제를 오랫동안 추적해온 전문가의 눈에도 반도체 전쟁은 심상치 않아 보인 모양이다.

"반도체 투자 뉴스가 홍수처럼 쏟아지는데
정작 기업의 목소리를 들을 수 없네요"

여의도 증권가에서 디지털 Tech 분야 전문가로 활동하는 후배의 넋두리다. 증권회사에서는 투자수익률을 높이려는 차원에서 기업을 분석한다. 일반적으로 기술 트렌드, 수요와 공급이라는 이슈를 가지고 투자 가치가 있는 기업을 추천하는 일을 주업으로 하고 있다. 기업들이 알리고 싶은 새로운 소식이 있거나 업계 동향을 알고자 할 때 찾는 1순위이기도 하다. 이들은 투자의 바다에서 바늘을 찾기도 하고, 투자 후보군에 대한 옥석을 가리기도 한다. 다만 기업의 외부에서 관찰자의 역할을 수행한다. 기술 트렌드, 수요와 공급 같은 다양한 변수 가운데 기업에서는 어떤 것을 우선 순위로 삼고, 이를 어떤 방식으로 만들어가는지에 대한 궁금증을 토로한 것이다.

찬찬히 주변을 둘러봤다. 또 다른 영역에서 반도체는 핫이슈로 발표되고 토론되고 있다. 반도체를 주제로 한 세미나, 학회, 포럼 들이 경쟁적으로 개최되고 있었다. 논의의 범위도 반도체 그 자체, 국제 정치, 경제 맥락 등 굉장히 넓은 범위에서 이뤄지고 있었다. 게다가 연일 뉴스에서는 반도체 관련 기사가 쏟아지고 있었다. 그렇게 많은 사람들이 반도체에 대한 소식을 구독하고 소비하고 있었다.

견고하게 만들어진 성벽을 떠올려보자. 성벽 밖에서만 바라보면 성벽의 전체 모양에 대해 잘 관찰할 수 있다. 크기, 모양, 장단점 등 이야깃거리도 풍성하다. 각자의 관심사에 따라 사람들이 관심을 가질만한 내용이 많이 있다. 다만 성벽 안에서 무슨 일이 벌어지고 있는지 성벽 밖에서는 알기 어렵다.

반도체는 그 자체의 속성, 패권의 산물, 산업의 특성 등 다양한 면모를 갖고 있다. 각각의 내용도 중요하지만 이들 사이에 어떻게 얽혀 있는지가 현상을 이해하는 데 도움이 된다. 각 분야에서 치열한 논의가 진행되는 것은 충분한 의미가 있다. 이런 논의에서 기업의 목소리를 더하면 훨씬 다양한 접근이 가능할 것이다.

종합적이면서 기업 내부의 시각을 담아낼 수 있는 공간이 필요하구나. 외부인의 시각에서 전문가들은 많은 인사이트를 제공하거나 훈수를 둘 수 있다. 이들의 목소리는 기업이 중장기적으로 전략 방향을 잡을 때 많은 참고자료가 된다. 그러나 기업은 접근법 자체가 다르다. 기업 내부에서는 기업의 성장 Story 관점에서 해석하고 판단한다. 기업이 의사를 결정할 때 많은 변수를 고려하지만 때에 따라 변수의 중요도나 우선순위가 달라진다. 그래, 기업에서 산업의 특성과 강대국 갈등을 쭉 연구해오지 않았나. 반도체를 둘러싼 전쟁의 의미를 해석하고 최소한 매일 쏟아지는 뉴스를 제대로 따라잡을 수 있는 내용 전달이면 충분하지 않을까. 그렇게 작업이 시작됐다.

'총·균·쇠.' 세계적 문명사학자 재레드 다이아몬드를 소환해보자. 그는 인류의 운명을 바꾼 세 가지로 무기총, 병균균, 금속쇠을 꼽고 있다. 우리는 이 가운데 두 가지인 코로나19병균, 반도체금속를 동시에 경험하는 아주 특별한 시대에 살고 있다. 우리가 모르는 사이 세상을 바꿀 에너지가 축적되는 것이 아닐까? 후대 사람들이 오늘날의 우리를 평가하면 말이다.

반도체는 우리나라의 대표 상품이다. 한국 수출의 19%를 책임지고 있다. 한국은 반도체 강국이다. 글로벌 메모리 반도체의 60%를 한국이 독점하고 있다. 애플, 구글, 아마존 등 미국의 내로라하는 기업들이 한국의 문턱이 닳도록 드나드는 것도 이 때문이다. 우리는 이런 반도체에 대해 얼마나 알고 있나? 전세계 언론 덕분에 실리콘, EUV 같은 용어를 많이 듣고 있을 뿐이다. 도대체 반도체 생태계에서는 어떤 일들이 일어나고 있는가?

코로나 19가 우리의 일상을 송두리째 바꿔 놓았듯이 반도체는 또 다른 의미에서 우리의 생활속으로 깊숙히 파고 들고 있다. 이 책은 인류의 운명을 바꿀 반도체에 대한 이야기다. 반도체 세계에서 일어나는 일이 어떤 방향으로 움직이는지, 그 움직임의 결과가 세상을 어떻게 바꿔놓고 있는지 그려보고자 한다. Etching, EUV 같은 전문용어에 대해 속속들이 알 필요는 없다. 그러나 이런 용어들이 어떤 맥락에서 어떤 의미를 갖고 있는지 안다면 앞으로의 세계를 나름의 방법으로 해석할 수 있지 않을까 기대해본다.

　구글이 빅 데이터를 모은다. 알리바바가 전기차에 뛰어들었다. 이런 형태의 뉴스는 우리가 일상적으로 접한다. 미국과 중국을 대표하는 기업들이 뭘 한다는 뉴스는 '저 기업들은 왜 저렇게 서두르고 있지'라는 당연한 질문으로 이어지게 된다. 구글, 알리바바가 원하는 방향으로 비즈니스를 하기 위해 반드시 확보해야 하는 것이 반도체이다. 이들이 추구하는 Data 기반의 연결성은 반도체가 독점적으로 제공할 수 있는 가치인 것이다. 한마디로 반도체가 필요한 영역이 확대되고 있다. 이런 수요는 하루아침에 없어지는 것이 아니라 시대의 요구에 따라 앞으로 계속 쭉 갈 것이다. 반도체에 대한 시장의 Love Call은 이제 초입단계일 뿐이다.

　시장의 힘과 다른 영역에서 국경의 힘이 작동하고 있다. 2018년부터 본격화된 미국과 중국이 벌이고 있는 기술 전쟁Tech War이 그것이다. 미국과 중국의 다툼은 기존의 Market의 힘이 이끌어가던 상황에 더해 반도체 시장을 복잡하게 만들어가고 있다. 없던 국경이 인위적으로 생기면서 시장참여자들은 새로운 도전에 직면하고 있다. 결국 반도체 시장은 나름의 이유 때문에 쭉 앞으로 나가고 있는데 미·중 경쟁이 시장을 새로운 단계로 인도하고 있다. 수요가 만들어내는 반도체 시장과 미·중 경쟁을 동시에 바라봐야 균형을 잡을 수 있다는 말이다.

　이 책의 전체 구조는 미·중 갈등과 디지털 혁명이고 그 핵심에 반도체가 있다는 시각이다. 기술 자체보다는 기술의 의미를 다뤘고, 그 기술도 시장이 원하는 기술에 초점을 맞추고 있다. 기술과 시장이 별개로 움직일 수 없다는 전제를 하고 있다. '왜'에서 출발해 '어떻게'까지 보고자 한다. 그 속에서 한국의 운명도 같이 고민해볼 것이다.

　먼저 미·중 갈등에 대한 새로운 시각을 전달하고자 한다. 미·중 갈등은 겉으로 보면 위험만 보일 뿐이다. 위험도 어떤 위험인지 정확하게 알지 못하면 그냥 위험하니 하지 말아야 된다는 엉뚱한 결론으로 귀결된다. 미·중이 벌이는 싸움에 대한 현상과 본질을 알아야 하는 이유이다. 미·중 갈등 상황에도 기회는 많이 존재한다. 반도체는 한 나라가 모든 것을 가질 수 없는 그런 특성을 갖고 있기 때문이다.

다음으로 디지털 혁명에 대한 생각을 정리하고자 한다. 4차 산업혁명이 불붙인 디지털로의 대전환. 이런 디지털 혁명은 여러 가지 이름과 형태로 우리의 생활을 바꿔놓고 있다. 이 기류에 편승하는 자와 못하는 자의 운명은 너무나 명약관화하다.

반도체에 관심이 많아진다는 것은 우리나라에 관심이 많아진다는 뜻이다. 좋은 의미이건 나쁜 의미이건 말이다. 반도체를 둘러싼 큰 변화에서 한국은 어떤 활로를 찾아야 할까? 궁극적으로 우리나라가 잘하는 것에 집중하고, 못하지만 해야 하는 분야를 보완해야 한다는 것을 의미한다.

사실 반도체는 첨단제품이며 고수익을 담보하는 산업으로 여겨진다. 그러나 반도체는 핸드폰이나 전기자동차 속에 있어 눈에 잘 보이지도 않는 존재이다. 눈에 보이지 않으면 관심이 가지 않는 것은 인지상정이다. 그런 반도체를 우리의 눈앞으로 불러낸 것은 반도체를 사용하는 기업들의 계속된 관심표명 때문이다. Big Tech 기업의 CEO들이 AI가 어떻고, Big Data가 어떻고 하는 뉴스의 홍수 속에 한결 같은 메시지가 있다. 이런 산업들이 잘되려면 그 속에 숨어 있는 반도체가 핵심이라는 것이다. 모든 미래산업들이 반도체를 필요로 하고 있어 반도체를 가진 자의 프리미엄은 무한대로 확장하고 있다. 반도체를 가지고 싶지만 모두가 가질 수 없는 상황. 반도체 프리미엄은 국가경쟁력과도 직결된다.

이 책은 반도체에 대한 이야기다. 단순한 반도체 이야기가 아니라 국가의 운명을 좌지우지할 핵심으로 반도체를 보고자 한다. 이런 트렌드 속에서 우리나라의 많은 기업들이 의미 있고 중요한 모습으로 나타났으면 하는 바람이다.

반도체에 관한 뉴스가 쏟아질 때는 뉴스 따라잡기에 바쁘다. 뉴스가 간간이 나와도 반도체 전쟁이 멈췄다는 뜻이 아니다. 주위의 에너지를 모아 분출구를 찾는 활화산처럼 반도체 문제가 수면 아래로 내려갔다 뿐이지 언제든 후폭풍을 동반한 폭발성을 지니고 있다. 지금은 폭풍우가 몰아치고 난 이후에 잠시 정신을 차리고 그 의미와 영향력을 찬찬히 복귀해 보기 좋은 시간이기도 하다.

독자에 따라 다르게 읽기를 권장한다. 반도체 종사자이면서 반도체 판이 어떻게 돌아가는지 인사이트를 얻고자 한다면 미·중 반도체 갈등, 기업의 대응 위주로 읽으면 된다. 반도체에 대한 투자의 Tip을 얻고자 한다면 결론 부분만 읽어도 충분할 것이다. 반도체 전문가가 되고자 한다면 처음부터 부록까지 정독하기를 권한다.

많은 사람들의 도움과 격려가 있어 이 책이 세상에 나오게 됐다. 대학 졸업 후 첫 직장에서의 인연으로 30여 년 한결같은 인생 선배들, 학창 시절부터 서로가 편하게 기댈 수 있었던 친구들, 성장의 에너지를 제공해주는 주변 동료들, 삶의 버팀목이자 마음의 안식처가 되어주시던 부모님, 바쁜 남편과 아빠를 응원해주는 가족들, 당신들이 진정한 이 책의 주인공입니다.

2022년 3월
광화문에서

CONTENTS

《 반도체 코리아에 비상등이 켜졌다 ·· 12

《 들어가며 ·· 16

Chapter 1
반도체를 가진 자가 세계를 지배한다 　 / 24

• 백악관을 흔들어놓은 두 개의 보고서 ································ 27

• 미·중, 반도체 전쟁의 개막 ·· 32

• 미국이 생각하는 반도체 ··· 34

• 미국의 큰 그림 1 : 중국기업, Redline을 넘지 마라 ··············· 37

• 미국의 큰 그림 2 : 미국에 첨단 반도체공장이 필요해요 ········ 48

• 중국이 생각하는 반도체 ··· 53

• 중국의 큰 그림 1 : 미국 규제의 틈새를 공략하라 ················ 55

• 중국의 큰 그림 2 : 모이가 많으면 새가 날아든다 ················ 59

• 미국의 Tech power vs. 중국의 Market power ·············64

• 유럽과 일본도 발등에 불이 떨어졌다 ·····················66

• 미·중 갈등, 시장은 다르게 화답하고 있다··············74

• 진짜 승부는 지금부터, 책사 전쟁
  : 제이크 설리반과 류허의 대결 ····························79

Chapter 2

디지털 혁명은 반도체에서 시작된다　　／ 90

• 시대를 앞서가는 혁신가들은 반도체 매니아·····················91

• 새로운 공간, 디지털 놀이터················94

• 디지털 혁신에서 새로운 100년 기업이 나온다 ·············101

• 디지털 Move 1 : 산업 간 경계가 없어진다 ···············103

• 디지털 Move 2 : 의료계에 디지털 열풍이 상륙하다·········108

• 디지털 Move 3 : 취업시장마저 바꿔놓는다 ···············110

• 디지털 Move 4 : 생산라인에서 사람들이 사라진다 ·········112

• 디지털로 가는 길은 미로찾기················114

• 디지털은 반도체로 소통한다 ················117

Chapter 3

왕좌를 놓고 벌이는 세기적 게임 　 / 124

- 불확실성과 혼전 : How to play ································· 126
- 반도체 왕조재건에 나선 Intel ································· 129
- 1호 파운드리 기업 TSMC ································· 134
- 반도체 1위 기업 삼성전자 ································· 139
- '반도체의 두뇌'를 설계하는 ARM ················· 148
- ASML이 없으면 첨단 반도체는 없다 ················· 152
- 불확실성과 혼전 : Where to play ················· 156

Chapter 4

한국은 어디로 가나 　 / 168

- 반도체에 정부의 역할이 점차 중요해지고 있다 ·············· 171
- 반도체 코리아의 위상 ································· 177
- 소재·장비의 Golden Age ································· 184
- 나가며 ································· 187

《 부록 ································· 190

반도체 전쟁, Winner의 조건

반도체 코리아에
비상등이 켜졌다

우리나라는 반도체 강국이다. 세계 무대에서 우리나라가 제대로 대접을 받는 것은 반도체를 잘 만들기 때문이다. 바이든 대통령과 시진핑 주석이 반도체를 강조할수록 우리나라의 몸값이 높아지는 이치이다. 프로야구는 시즌이 끝나고 새로운 시즌이 시작되기 전 큰 전쟁을 한 번 치른다. 새로운 시즌 전력 보강을 위해 해외에서 선수를 데려오거나 다른 팀에서 선수를 스카우트한다. 좋은 조건을 많이 가진 선수일수록 선택의 폭이 넓어지고 부르는 곳이 많다. 우리나라의 반도체는 서로 데려가거나 함께하고 싶은 스카우트 1순위이다.

반도체를 기능 차원에서 보면 메모리와 비메모리로 나눌 수 있다. 메모리는 정보를 기억하고 필요할 때 이를 꺼내 사용하는 반도체이다. 비메모리는 연산과 추론 기능을 주목적으로 하고 있다. 현재 시장규모는 메모리 30%, 비메모리 70% 정도를 유지하고 있다. 우리나라는 DRAM과 NAND를 생산하는 메모리 반도체 분야 세계시장의 60% 이상을 차지하는 절대 강자이다. 모든 것을 다 잘할 수는 없다. 메모리보다 시장 규모가 크고 기술과 시장이 까다로운 비메모리 반도체에서는 우리나라의 존재감이 약하다.

생산 차원에서 IDM을 제외하면 우리나라가 채워가야 할 공간이 많이 남아 있다. 반도체는 크게 반도체를 생산하는 Fab, 설계를 담당하는 Fabless, 소재Materials, 장비Equipment로 나눌 수 있다. 생산을 담당하는 Fab은 2개로 나눌 수 있다. 설계와 생산을 같이 하는 IDMIntegrated Device Manufacturer과 생산만 전담하는 Foundry위탁생산이다. 이 가운데 우리나라는 삼성전자, SK하이닉스처럼 IDM이면서 메모리를 생산하는 데 경쟁력을 가지고 있다는 말이다.

그런데 최근 언론에서는 다른 나라의 반도체 기업들의 뉴스가 쏟아진다. 이미 알려진 기업뿐만 아니라 생소한 기업들의 이름도 오르내린다. 언론의 보도 내용은 어디에 얼마를 투자하고, 기업간 짝짓기가 어떻게 전개되고 있고, 어떤 기업이 유례없는 호황을 겪고 있거나 반대로 어려움을 겪고 있다는 등 다양하게 걸쳐 있다. 반도체 기업뿐만 아니라 반도

🏛 자체 칩을 개발하는 Big Tech 기업들

 애플
독자 설계 M1· M1프로·
M1 맥스 칩 맥북·아이폰 탑재

G 구글
새 스마트폰 픽셀6에 삼성전자와
공동 개발한 모바일 칩 텐서 장착

amazon 아마존웹서비스
2018년부터 데이터센터용 자체 칩
그래비톤 제작. 그래비톤2 개발 완료

⊞ 마이크로소프트
태블릿PC 서피스와 서버용 자체 칩
개발 중

T 테슬라
2세대 자율주행 칩 HW4.0
삼성전자와 공동 개발

자료 : 각사(조선일보, 2021)

체를 사가는 큰손들인 구글, 애플, 아마존, 테슬라 등도 자체 반도체 설계를 하겠다고 나서고 있다. 반도체 시장이 단순히 현재의 반도체 기업뿐만 아니라 반도체를 많이 사용하는 수요 기업까지 포함된 새로운 게임이 시작되는 것이다. 이번 게임은 미래 혁신의 리더를 가리는 또 다른 의미를 가지는 폭발력을 지니고 있다. 밀리면 2등이 아니라 완전히 나락으로 떨어질 수 있는 게임이다. 혼자서만 잘해서도 안 된다. 반도체의 생산과 수요라는 전체 생태계를 아우르는 전쟁이다.

우리나라 기업에 대해서는 걱정의 목소리가 주를 이루고 있다. "이러다가 한국의 반도체 위상이 흔들릴 것이다", "1990년대 일본처럼 반도체 몰락의 전철을 밟을 수 있다" 같은 우려가 많이 나온다. 현재의 우려는 우리나라의 미래 먹거리와도 연결된다. 반도체의 새로운 게임이 비메모리 분야를 중심으로 진행되고 있어 우려를 더하고 있다. 세상은 그렇게 우리나라의 약한 고리를 파고들고 있다. 반도체 없는 한국은 상상조차 하기 힘들다. 그만큼 반도체 코리아의 위상을 흔들 수 있는 핵폭탄 같은 내용들이 많이 생기고 있다.

Red Queen 효과. '이상한 나라의 엘리스'는 어릴 때 한 번쯤 들어봤거나 읽어본 경험이 있을 것이다. 아이들뿐만 아니라 어른들에게 높은 인기를 끈 동화이다. '이상한 나라의 엘리스' 속편으로 나온 '거울나라의 엘리스'에 붉은 여왕이 나온다. 엘리스는 여기서는 아무리 달려도 제자리 걸음을 하고 있는 것 같다는 이야기를 한다. 붉은 여왕은 세상이 빠른 속도로 바뀌기 때문에 지금 뛰는 속도보다 더 빨리 뛰어야 한 발자국이라도 앞으로 나갈 수 있다는 말을 들려준다. 그렇다. 우리나라가 아무리 메모리 반도체 분야에서 잘하고 있더라도 다른 나라들이 더 빨리 뛴다면 그 격차가 점차 좁혀지는 원리와 같다.

호랑이에 물려가도 정신만 차리면 살 수 있는 법. 막연히 걱정만 할 것이 아니라 세상이 어떻게 돌아가는지 알아야 하지 않을까. 뭘 걱정하고 뭘 준비해야 할지의 힌트는 널려 있다. 다만 우리가 그것을 이해하기 전까지는 말이다.

들어가며

반도체는 National Infra

"왜 반도체가 중요하죠?"

"2022년 11월 중간선거를 생각하셔야죠"

"그게 무슨 말이죠?"

"Job first 대통령. 당신이 원하는 것 아닌가요?"

2021년 1월 백악관에서의 가상 대화를 꾸며봤다. 미국의 46대 대통령으로 취임한 바이든 대통령과 참모들은 트럼프 정부와 차별화된 뭔가를 찾기 위해 정신없이 바쁘다. 행정부에서 밀어줄만한 큰 분야이면서 많은 유권자들에게 어필할 수 있는 테마가 없을까. 한마디로 굵직한 분야를 찾고 있었다. 시간이 흐를수록 해답 없는 제안들만 쏟아지고 논의는 미궁 속으로 빠져들고 있었다. 새로운 미국을 만들기 위해 의욕적으로 시작한 그들에게도 뾰족한 대안이 없었던 것이다. 그때 백악관에 설치된 TV에서 스쳐가듯 지나가는 헤드라인, "자동차 반도체 Shortage 심각" 누군가 "그래 이거야"라고 외치자 모두의 눈이 TV 채널에 고정된다. 자동차와 반도체는 미국의 거의 전 지역에서 공을 들이고 있는 분야이지 않는가. 이걸 잡으면 Impact도 클 것이고… 그래, 반도체로 낙점하자. 대통령 바이든의 정치적인 행보를 알리는 신호탄이다.

코로나19 와중에 집권한 바이든 대통령. 그의 머릿속으로 들어가보자. 금융, 물류 같은 서비스업 위주로 성장해온 미국의 한계가 분명하지 않은가? 아무리 첨단 서비스 시스템을 갖추고 있어도 그 시스템을 움직이는 데 필요한 물건을 만들 수 없으니 이것만이라도 먼저 해결해보자. 코로나19에서 보듯 튼튼한 제조업 기반을 가진 나라들이 너무 부럽기만 하다. 제조업이 정답이다. 제조업 가운데 급여도 높고 안정적인 새로운 일자리를 만들 수 있으면 금상첨화. 투자가 늘고 소득이 많아지면 이 모든 것이 나의 지지로 이어질 것이라는 생각으로 말이다. 실제 반도체 제조시설은 미국의 18개 주에 걸쳐 있기도 하다. 이들을 나의 정치적 자산으로 삼을 수 있을 것이다. 바이든의 'Silicon President' 구상은 그렇게 시작됐다.

실제 미국 내 반도체 산업의 위상은 대단하다. 직간접적으로 185만 개의 일자리를 만들고 있다. 미국반도체협회의 추산에 따르면 500억 달러의 정부 인센티브가 집행되면 향후 5년 동안 1,100만 개의 일자리를 창출하게 될 것이다. 급여 수준도 일반 제조업 종사자의 2배 이상이다. 2019년 반도체 제조업체 종사자의 평균 연봉은 16만 달러인 반면 일반 제조업체 종사자의 연봉은 7만 달러 수준이다.

반도체 투자를 늘리면 일자리뿐 아니라 미국의 제조업 부활에도 일조할 수 있다. 해외로 향하던 투자의 물길을 미국 내로 돌려놓을 수 있을 것 같기도 하다. 이미 반도체는 2020년 470억 달러를 수출해서 항공기,

석유 제품, 석유에 이은 4대 수출품이지 않은가.

　Silicon 대통령, Job First 대통령, Export 대통령. 미국에서 이런 칭호를 동시에 받았던 대통령은 아무도 없었다. 반도체에 대한 정치적인 계산은 끝났다. 이를 실제 어떻게 다뤄야 할까? 미국이 잘하는 애국주의에 호소해보기로 정했다. 안보불안 해소와 공급망 안정화는 상징적이면서도 실질적인 키워드가 될 것이다. 남은 것은 역할분담과 메시지 관리.

　먼저 제이크 설리반 국가안보보좌관으로 낙점. 그가 누구인가? 예일대 로스쿨 출신의 40대 외교천재로 알려진 인물이다. 트럼프 시대에 흐트러진 미국의 외교를 정상으로 복원하는 막중한 임무를 맡고 있다. 바이든 대통령은 "한 세대에 한 명 나올법한 지적인 인물이다"라며 그에 대한 무한 신뢰를 보내고 있다. 제이크 설리반은 생각만큼이나 행동도 전광석화처럼 과감하다.

　2021년 4월 12일 일자리 창출과 반도체 공급망 안정을 위한 화상회의는 그렇게 시작됐다. 초대된 19개 회사들의 면면도 화려하다. 반도체를 생산하는 회사에서부터 이를 구매하는 대형 고객까지 총망라했다. 한국의 삼성전자를 비롯하여 대만의 TSMC, 알파벳구글의 모 회사, AT&T, 델 테크놀로지, 포드, GM, 글로벌 파운드리, HP, 인텔, 마이크론, NXP. 바이든 대통령이 예고도 없이 화상회의에 참석해 미국에 투자하라고 강권하면서 전세계인들의 주목을 끌었다. 메시지는 명확하다. 국가안보라는 얼굴을 갖고 반도체 공급문제를 다루겠다는 선전포고인 것이다.

　한 달 뒤인 5월 12일. 이번에는 지나 레이몬드 상무부 장관이 전면에 나섰다. 미국은 유례가 없는 방식으로 기업들을 몰아붙이고 있다. 미국은 준비가 끝났으니 빨리 투자계획을 내놓아라. 초청된 멤버는 1차와 비슷하지만 구체적인 계획을 내놓으라고 다그치는 역할은 상무부 장관의 몫으로 정했다. 9월 23일에도 반도체 정상회의는 계속됐다. 브라이언 디

스 백악관 국가경제위원회NEC, National Economic Council 위원장과 지나 레이
몬드 상무장관이 회의를 주재했다. 2번의 회의를 했는데도 자동차용 반
도체 부족, 미국 내 반도체 공장증설 등 핵심사안에 진전이 없었기 때문
이다. '기업의 생산과 판매에 대한 자료를 공개하라.' 미국 정부의 시간표
대로 움직이지 않자 직접 기업을 압박하고 나섰다.

유례가 없는 미국의 반도체 압박. 왜 미국은 반도체에 이렇게 과도한
관심을 보이고 있을까? 그 이유는 간단하다. 반도체를 단순한 첨단제품
이 아니라 국가의 흥망을 결정할 국가 인프라National Infra로 인식하고 있
기 때문이다. 반도체는 핸드폰, 가전제품을 잘 돌아가게 하는 단순한 제
품이 아니다. 통신, 도로, 전력 등 한 나라를 움직이는 인프라 분야에 반
도체 사용이 점차 많아지고 있다. 반도체가 부족하거나 성능이 떨어지
면 이런 국가시스템이 붕괴된다는 뜻이다. 어느 나라보다 셈이 빠른 미
국. 반도체를 핵심 요소Key Component로 정의하고 2021년에만 무려 3번
의 반도체 정상회의Semiconductor Summit를 개최한 의미는 여기에 있다.

반도체는 계속 있어왔는데 왜 지금 반도체에 주목하고 있는가? 이는
반도체가 단순한 첨단제품이 아니라 국가의 경쟁력을 좌지우지하는 핵
심 제품이기 때문이다. 미국은 안보, 산업안정, 국가인프라 등 다른 용어
를 사용하며 반도체의 중요성을 강조한다. 말만이 아니라 미국이 쏘아
올린 반도체 투자전쟁은 빠르게 시장을 바꿔놓고 있다. 미국의 조바심
에는 유효기간이 있다. 좌고우면이 길어지면 미국의 눈 밖으로 날 수 있
다. 이제 남은 과제는 누가 어디에서 얼마나 빨리 계획을 구체화하는 가
에 달렸다.

'핵심 요소'로서 반도체는 크게 보면 두 가지 경로를 통해 시장을 들
쑤시고 있다. 미·중 반도체 갈등과 디지털 혁신Digital Transformation이 그
것이다. 디지털 혁신이 가속화되면서 디지털 혁신에 필수재인 반도체 확

보 경쟁이 치열해졌다. 디지털 혁신이라는 Big Trend는 하루아침에 없어질 그런 성격이 아니다. 이런 상황에서 미국과 중국이 반도체를 둔 기술전쟁을 시작했다. 반도체 전쟁은 시장, 기술 차원에서 시작해서 국가 단위로 점차 확대되고 있다. 국가 단위도 동맹국과 비동맹국 간 새로운 진영이 만들어지고 있다. 기술전쟁이 마지막에 어떤 모습으로 나타날지 아무도 모른다. 다만, 기술전쟁이 어떻게 흘러가고 있고 시장에 어떤 기회와 위협을 만드는지는 아는 만큼 힘이 된다. 맨몸으로 거친 파도를 헤쳐갈 수는 없는 노릇이기 때문이다.

반도체 전쟁, Winner의 조건

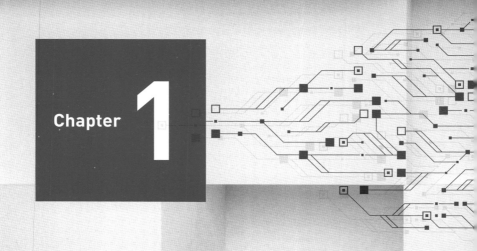

Chapter **1**

반도체를 가진 자가
세계를 지배한다

반도체를 가진 자가 세계를 지배한다

- 백악관을 흔들어놓은 두 개의 보고서

- 미·중 반도체 전쟁의 개막

- 미국이 생각하는 반도체

- 미국의 큰 그림 1: 중국기업, Redline을 넘지 마라

- 미국의 큰 그림 2: 미국에 첨단 반도체공장이 필요해요

- 중국이 생각하는 반도체

- 중국의 큰 그림 1: 미국 규제의 틈새를 공략하라

- 중국의 큰 그림 2: 모이가 많으면 새가 날아든다

- 미국의 Tech Power vs. 중국의 Market Power

- 유럽과 일본도 발등에 불이 떨어졌다

- 미·중 갈등, 시장은 다르게 화답하고 있다

- 진짜 승부는 지금부터, 책사 전쟁
  : 제이크 설리반과 류허의 대결

반도체에 대한 시선이 달라지고 있다. 반도체는 오랫동안 있어왔던 제품인데 그 쓰임새가 달라지면서 반도체에 대한 재평가가 이뤄지고 있는 것이다. 글로벌 공급망이 불안해지면서 원하는 만큼 반도체를 가질 수 없는 시기적 특성도 한몫하고 있다. 역설적이게도 미·중 갈등은 반도체의 위상을 잘 보여주고 있다.

반도체를 가진 국가들은 더 가지고 싶어 하고, 반도체가 없는 국가들은 확보 자체를 위해 사력을 다하고 있다. 이는 반도체를 두고 미국이 수출·투자 등 합법적인 모든 수단을 동원해 중국을 때리는 배경이 되고 있다. 디지털 혁신으로 반도체의 수요가 폭발적으로 증가하는 상황에서 미·중 갈등이라는 지정학적 갈등이 결부되면서 반도체는 더욱 복잡하게 얽히고 있다.

미국은 디지털 혁신에서도 가장 앞서가고 있다. 이를 기반으로 애플, 아마존, 구글, 테슬라, 마이크로소프트 같은 기업들이 시장을 리딩하고 있다. 미국의 Big Tech 기업들이 한국, 대만의 기업들이 생산하는 반도체 구매를 위해 줄을 서면서 문제가 시작됐다. 이들 기업들이 제품과 서비스를 제대로 구현하기 위해 반도체 생산에 가장 앞서 있는 국가들의 눈치를 보는 상황인 것이다. 예를 들어 대만에는 TSMC라는 세계 최대의 파운드리 회사가 있다. 이 회사가 문을 닫으면 미국의 Tech 기업들은 비즈니스를 접어야 하는 상황이다. 이런 기회를 놓칠세라 대만은 '반도체 방패'Silicon Shield 전략으로 미국에 큰소리치고 있다. 대만의 반도체를 보호하기 위해 미국이 적극적으로 대만을 방어해야 한다는 논리다. TSMC를 지키기 위해 미국이 나서는 상황이 벌어지고 있다.

이 지점에서 미국은 위기의식을 강하게 가지게 된다. 한국, 중국, 일본, 대만 등 동아시아 지역에 글로벌 반도체 생산시설의 75%가 집중돼 있다. 미국은 국제관계가 복잡하게 얽혀 있는 동아시아 지역이 미국의 생명줄을 좌지우지하는 상황을 바꿔보자는 생각에 미치게 된다. 특히, 중국 변수를 고려할 때 계속 대만에만 반도체 생산을 맡겨놓을 수 없는 노릇이다. "미국회사가 필요한 반도체는 미국에서 다 만들게 하자." 미국이 그리는 그림은 반도체 생산의 내재화이다.

백악관을 흔들어놓은
두 개의 보고서

"지금 중국을 막지 못하면
반도체산업과 국가 안보는 장담할 수 없다"

2017년 1월 백악관의 대통령 집무실 오벌 오피스Oval Office. 대통령 취임식을 끝낸 흥분도 잠시, 트럼프 대통령의 책상 위에는 두껍지도 않은 32페이지 보고서가 놓여 있다. 이 보고서가 미·중 반도체 전쟁의 불씨가 되어 활활 타오를지 아무도 몰랐다.

문제의 32페이지 보고서는 미국 대통령의 과학기술자문위원회PCAST, President's Council of Advisors on Science and Technology의 작품이다. 제목은 "반도체에서 미국의 장기적 리더십 강화"Ensuring long-term US leadership in semi-conductors 젊잖게 뭐가 문제라는 담론만 꺼내놓고 할 일 다했다며 팔장 끼고 있는 말로만 위원회가 아니다. 그들의 제안은 무게감을 가지며 상당히 날카롭게 상대방을 겨냥한다. 상대방을 찌르고 얼마나 고통스러워하는지까지 확인하고자 한다. 그 상대방은 중국이다. 결국 과학기술자문위원회의 제안은 중국을 어떻게 보고 다뤄야하는지에 대해 Guide-line을 제시하는 '중국을 다루는 전략지침서'이다. 단순히 반도체만의 문제를 넘어서 미국이 미래 첨단산업을 주도하기 위한 Roadmap에 가깝다.

보고서 작성에 참가한 집필진의 면면도 화려하다. 과학기술자문위원회 산하 반도체 실무그룹Working group에는 미국의 과학정책 분야 대표적 석학인 John Holdren을 공동위원장으로 이름을 올려놓고 있다. Intel, Freescale, Global Foundries, Qualcomm. Applied Materials 등 미국의 반도체 기업을 대표하는 회사들의 전·현직 CEO도 참여하고 있다.

과학기술자문위원회의 제안대로 이어진 3년간의 맹렬한 공격. 설마가 현실화되면서 시장은 한 번 뒤집어졌다. 시장이 가장 싫어하는 불확실성 확대. 미국의 중국 반도체 공격이 어디까지 언제까지 이어질지 시장은 숨죽여 지켜보고 있었다. 트럼프 대통령의 스타일상 질서정연하게 진행되지는 않았지만 중국의 급소를 정확하게 때렸다. 세계 최강대국인 Super Power가 작정하고 나서자 중국은 사색이 됐다.

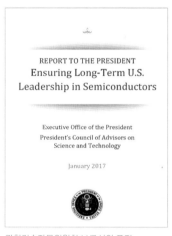

과학기술자문위원회 보고서의 표지

드디어 중국을 잡았다고 자화자찬하는 트럼프 행정부. 그 모습에 못마땅해하던 미국반도체협회SIA, Semiconductor Industry Association는 정치권에 강펀치를 날린다. 지금의 여세를 몰아가자는 강력한 신호로 보내기로 했다.

"중국을 때리는 건 늦은 감이 있지만 잘했어.
중국만 때린다고 죽어가는 반도체가 살아나지는 않아.
이제부터 당신들의 진정한 실력을 보여줘"

미국반도체협회는 대책 마련에 골몰한다. '미국에 반도체 생산시설이 부족해 이 난리가 났는데 뭣들 하고 있는 거지? 정부와 의회를 움직여야겠다.'

미국반도체협회는 먼저 보스턴 컨설팅을 급히 찾는다. 다른 나라 눈치보지 말고 정부와 의회가 나설 논리가 필요했다. 보고서 발표시점은 미국의 대선 윤곽이 어느 정도 드러나는 2020년 9월로 정했다. 사실상 차기 대통령을 염두에 둔 행보이다.

내용과 시점을 확정하자 미국반도체협회의 움직임이 빨라진다. 26페이지 분량의 '반도체 생산에서 정부 인센티브와 미국의 경쟁력'Government incentives and US competitiveness in semiconductor manufacturing 보고서. 미국반도체협회는 에둘러 돌아가지 않고 직진하기로 한다. "이대로 가면 앞으로 중국이 생산한 Chip을 써야 할지도 모른다. 중국은 반도체 공장 건설과 운영에 최대 40%까지 지원한다. 현재 추세대로 진행되면 2030년 중국이 글로벌 반도체 생산의 1위 국가가 될 것이다."

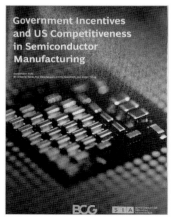

BCG와 SIA 공동보고서 표지

중국 이슈는 파괴력이 컸다. 미국 의회는 민주당, 공화당을 가리지 않고 당을 초월해 법안을 마련했다. 2020년 반도체에 500억 달러를 지원하는 파격적인 법안은 속전속결로 이렇게 세상에 나왔다. CHIPS for America Act의 탄생이다. 전체 이름은 Creative Helpful Incentives to Produce Semiconductors for America Act이다. 단어의 첫머리 글자를 따서 CHIPS라는 단어를 만들었다.

이 법안을 만든 이유가 법안의 서문에 자세히 나와 있다. 목적은 첨단 R&D의 활성화, 공급사슬의 안정화, 장기적인 국가안보와 경쟁력의 확보이다. 이를 위해 연방정부 지원확대를 기반으로 반도체 생산에서 미국의 리더십을 회복하겠다는 것이다To restore American leadership in semiconductor manufacturing by increasing Federal incentives in order to enable advanced research and development, secure the supply chain, and ensure long-term national security and economic competitiveness. 표현은 젊잖게 했지만 내용은 미국이 반도체 생산의 중심국가가 되겠다는 것이다. 2021년 들어서는 수정법안을 내 520억 달러까지 지원금을 확대하기로 했다. USICAThe United States Innovation and Competition Act of 2021가 그 주인공이다.

보수 싱크탱크인 CSISCenter for Strategic & International Studies가 측면지원에 나섰다. 정리하면 이렇다. 정부가 전면에 나설 수 있는 명분은 충분하다. 서유럽과 일본은 정부의 정책을 통해 산업을 육성하는 데 많은 성과를 내고 있다. 미국도 과거 2차 세계대전 이후 몇 번의 성공모델이 있다. 1980년대 일본의 반도체와 싸우며 시도했던 SematechSemiconductor Manufacturing Technology

SEPTEMBER 2020

From Industrial Policy to Innovation Strategy

Lessons from Japan, Europe, and the United States

AUTHORS
Dylan Gerstel
Matthew P. Goodman

A Report of the CSIS Economics Program

CSIS | CENTER FOR STRATEGIC & INTERNATIONAL STUDIES

CSIS의 보고서 표지

프로젝트가 대표적이다. Sematech 컨소시엄의 사무국은 1987년 텍사스의 오스틴에 설치됐으며, 1988~1996년까지 약 8.7억 달러 예산이 투입됐다. 미국의 반도체 업체 14개를 중심으로 산관학 3자 연합Triangular alliance을 통해 미국의 반도체 강국 부활을 이끌었다. 미국의 창의적인 성공방정식은 정부와 기업이 서로의 리스크를 줄이고 시장을 주도할 수 있는 모델을 만든 데 있다. 옛날에도 해봤기 때문에 반도체 지원에 정부가 나서도 아무런 문제 될 것이 없다. 눈치 보지 말고 빨리 뭔가를 내놔라.

반도체 산업을 대표하는 미국반도체협회, 유권자들의 눈치를 살피는 정치권, 미국의 지식인 네트워크의 상징인 싱크탱크. 각자 따로 움직인 것처럼 보이지만 각자의 역할을 수행하며 상대방에게 귀를 여는 사회. 미국의 애국주의와 시스템이 결합되며 미국의 저력을 보여주기에 충분했다.

미·중
반도체 전쟁의 개막

2018년부터 본격화된 미·중 무역전쟁. 그 전선의 맨 앞에 미국무역대표부USTR, United States Trade Representative가 있는 것은 당연하다. "중국의 불공정한 무역관행 때문에 미국경제에 수천억 달러의 손실을 주고 있다." 트럼프 대통령은 사자후를 토했고, 미국무역대표부는 중국을 겨냥했다. 중국산 제품에 25% 관세를 매기겠다. 그렇게 시작된 싸움은 2020년 1월 양국간 무역합의가 있기까지 서로 관세부과 대상품목을 확대하면서 팽팽한 경쟁을 이어왔다.

우리의 머릿속에 각인된 미국무역대표부는 정말 세다는 것이다. 수출로 먹고사는 한국은 관세를 무기로 수출을 못 하게 막을 수 있는 이 조직이 두려운 것이다. 미국의 일개 부서가 미국 자체보다 크게 다가오는 느낌이다. 1962년 특별법을 근거로 설립된 미국무역대표부는 200여 명의 통상전문가들이 포진해 있다. 매년 국가별 무역장벽보고서를 발표하여 해당 국가의 간담을 서늘하게 만들기도 한다. 무역장벽보고서는 일종의 경고이다. 시간이 지나도 미국이 원하는 대답을 내놓지 않으면 무지

막지하게 관세 등을 통해 상대국을 압박한다. 미국무역대표부의 수장은 대통령 주재 각료회의의 장관급 고정멤버이다. 이를 반영하듯 미국의 19여 개의 관련 기구로 구성된 무역정책심의그룹TPRG, Trade Policy Review Group을 총괄·지휘한다.

미국이 일으킨 관세전쟁. 원래 목표로 내걸었던 미국의 대중 무역적자가 개선되지 않자 새로운 주자가 등장한다. 미국 상무부 산하 산업안보국BIS, Bureau of Industry and Security. 산업안보국은 미국무역대표부처럼 앞에 나서지 않고 조용히 무대의 뒤에서 미·중 Tech 경쟁의 해결사로 나선다. 산업안보국의 무기는 Black list. 미국무역대표부가 국가를 상대로 전쟁을 했다면 산업안보국은 철저히 기업을 정조준하며 시장을 뒤흔들어 놓는다. 미국무역대표부에서 산업안보국으로의 세대교체는 미·중 전쟁의 영역이 무역에서 Tech로 바뀌고 있음을 상징적으로 보여준다. 미국의 궁극적인 목표는 Tech 전쟁인데 무역전쟁을 빌미로 삼았는지도 모른다. 무역전쟁을 통해 중국에 경고장을 날리면서 중국의 반응을 넌지시 떠본 것일 수도 있다.

미국이 생각하는
반도체

미국에서 반도체는 무슨 의미일까? 반도체 자체의 중요성보다는 반도체의 활용에 방점을 찍고 있다. 미래 혁신산업을 키워나가는 데 필수적인 핵심부품으로 반도체를 본다. 한마디로 미국에는 Big Tech 기업이 많아 이들에게 필요한 반도체만큼이라도 미국 내에서 자체 공급하자는 것이다. 미국의 관심사는 반도체 자체보다 Big Tech 같은 전방산업에 있는 것이다. 이런 맥락에서 반도체는 '반드시 이겨야 하는'Must Win 대표상품이 됐으며, 그 상대는 바로 중국이다. 반드시 이긴다는 것은 승부의 추가 한쪽으로 기우는 수준이 아니라 상대방이 완전히 항복선언을 하는 수준까지 가는 상태를 의미한다.

이에 반해 중국은 반도체 자체가 중요한 분야이다. 중국의 1위 수입품목이 과거에는 산업화에 필요한 원유Crude Oil였다면, 현재는 정보화에 필요한 반도체이다. 중국이 '세계의 공장'으로 불리지만 반도체 확보가 안 되면 모든 공장이 문을 닫아야 할 판이다. 시진핑 주석은 2018년 중국 반도체 기업이 모여 있는 '양자강 벨트'를 찾았다. 그가 찾은 곳은 칭

🏛 중국 '반도체 심장론' 선언

시진핑 주석(사진 왼쪽)은 2018년 4월 후베이성 우한에 있는 XMC 반도체 공장을 둘러보고 있다.
자료 : 연합뉴스

화유니를 모기업으로 두고 있는 메모리 회사 YMTCYangtze Memory Tech-
nologies Co.와 파운드리 회사 XMCXinxin Manufacturing Co.이다. 이 자리에서
시진핑 주석은 '반도체 심장론'을 꺼내며 반도체 자립화를 강조했다. 구
체적으로 2025년까지 반도체 자립도 70% 달성을 주문했다. 중국의 1인
자가 반도체 경쟁에 불을 당긴 일대 사건이다.

　미국은 중국의 반도체가 아직 멀었다는 것은 알고 있다. 미국이 막으
면 중국이 쉽게 그 장벽을 넘기 어렵다는 것도 알고 있다. 그래도 넋 놓
고 있다가는 당할 수 있다는 생각이다. 중국에 경고하면서 미국 내 경각
심을 일깨우고자 하는 이중포석이다. 중국이 내연기관 자동차를 건너뛰
고 바로 전기자동차로 들어온 사례는 뇌리에서 쉽게 지울 수 없는 사건
이다. 한참 아래라고 생각했던 중국의 전기차 배터리, 전기자동차가 중

국시장에서 외국기업을 쫓아내더니 이제 글로벌 시장에 하나씩 나타나고 있다. 전기차 배터리에서 중국기업은 상위 10대 기업 가운데 5개를 차지하며 브레이크 없는 질주를 하고 있고, 생소한 기업들이 상위권 진입을 노리고 줄을 서 있다. 반도체에서 이런 상황이 재현되지 말라는 법이 없지 않을까? 미국의 고민은 여기에서 시작됐다.

🔔 **전기차 배터리 시장점유율**

(단위: %)

CATL(중국)	31.2
LG에너지솔루션	23.1
파나소닉	14.7
BYD(중국)	6.9
삼성SDI	5.3
SK이노베이션	5.1
CALB(중국)	2.8
Guoxuan(중국)	1.9
AESC(중국)	1.9
PEVE(일본)	1.1
기타	5.9

자료 : 중앙일보(2021), SNE리서치

미국의 큰 그림 1

중국기업, Redline을 넘지 마라

어떻게 중국을 상대할 것인가?

미국의 중국에 대한 반도체 기술규제는 사실상 2018년 총성을 울렸다. 수출, 투자, 수입 등 상거래의 거의 전 영역에서 중국과의 거래를 제

🔔 2019년 국방수권법 중 미국의 대중제재와 관련한 내용

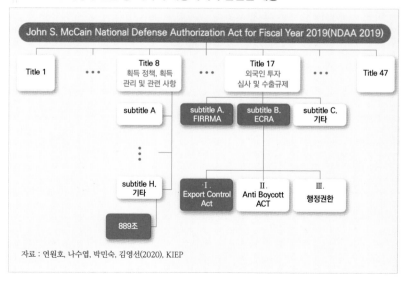

자료 : 연원호, 나수엽, 박민숙, 김영선(2020), KIEP

한하고자 시작됐다. 2018년 8월 통과된 2019년 국방수권법이 압권이다. 수출관련 ECRAExport Control Reform Act와 ECRA를 집행하기 위한 EAR Export Administration Regulation, 외국인 투자를 제한하기 위한 FIRRMAForeign Investment Risk Review Modernization Act와 이에 따른 CFIUSCommittee on Foreign Investment in the United States의 권한 강화를 포함하고 있다.

이제 중국을 공격할 수단은 확보했다. 어떻게 해야 할까?

미국의 Rising Star, 산업안보국

중국을 규제하기 위한 법률이 큰 방향성을 제시했다면 법률을 집행하면서 상대방을 압박하는 역할은 산업안보국의 몫이다. 미국 입장에서는 국익을 지키는 수호천사 같은 존재가 산업안보국이다. 반면, 중국은 미국무역대표부라는 큰 산을 넘고 나니 또 다른 큰 산을 만난 격이다.

미국은 법률에 보완이 필요하면 수정법안을 통해 새로운 내용을 포함시킨다. 달리 말하면 한 번 정해진 법률은 폐기법안이 나오지 않는 한 계속 유효하다는 것이다. 법률에 유효기간이 없다는 것은 상대방에 상당히 위협적이다. 예를 들어 1917년 발효된 '적성국과 거래에 대한 법률'TWEA, The Trading with Enemy Act은 1차 세계대전 막바지에 제정되었는데 현재까지 갱신을 거쳐 살아남아 있다. 물론 일부 내용이 수정되면서 그 적용범위가 축소되기도 했다.

산업안보국은 수출관리규정EAR에 따라 국가, 상품, 기업으로 나눠 규제하고 있다. 실제로는 국가와 상품 또는 상품과 기업을 묶은 형태로 규제를 적용하고 있다. 국가는 A, B, C, D, E로 나눠 Group별로 관리한다. 특히 테러리스트를 지원하는 그룹 E이란, 북한, 시리아는 중점 관리 대상이다.

국가를 그룹별로 관리하는 것은 이미 오래전부터 있어왔기 때문에 중국만을 겨냥했다고 해석하기 어렵다. 상품은 상거래통제품목Commerce Control List을 통해 관리하며, 주로 군사·무기용으로 사용될 수 있는 분야를 10가지로 분류하고, 이를 세분화하고 있다. 기업은 상무부의 산업안보국이 Black list로 관리한다.

실제 중국에 적용되는 규제는 위의 세 가지 내용에 더해 안보규제, 기술규제로 더 세분화하고 있다. 미국이 내세우는 명분은 중국이 글로벌 안보를 해치는 위협요인이 되고 있다는 것이다. 이런 명분은 많은 국가들이 거부할 수 없는 힘을 갖고 있다. 만약 이를 거부하면 글로벌 안보논의에서 배제되고 국가의 생존에 위협을 받을 수 있기 때문이다. 그런데 안보는 범위가 넓고 모호한 부분이 많다. 한마디로 귀에 걸면 귀걸이, 코에 걸면 코걸이.

기술규제는 최종제품의 판매가격에서 미국기술의 비중을 0%, 10%, 25%로 나눠 관리한다. 0% Rule은 군사·무기용 Item에 적용, 10% Rule은 그룹 E 국가에 적용, 25% Rule은 거의 대부분의 국가와 Item에 적용한다. 실제 이런 논리가 어떻게 적용되는지 살펴보자.

미국은 자체 제정한 규정과 글로벌 공조를 통한 규정을 통해 중국을 압박하고 있다. 먼저 미국의 자체 규제이다. 미국이 말하는 안보 개념은 군사무기의 첨단화 및 인권침해를 포함한다. 특정 제품의 수출에 따라 이 제품이 군사무기에 사용되거나 인권침해에 활용되는 것을 막고자 하는 것이다. 과거에는 이런 규정이 중국의 군수 및 방산기업에 적용했다면 2018년부터 군사 및 방산과 직접 관련이 없는 민간기업까지 규제하고 있는 것이다.

기술규제는 미국의 기술이나 이런 기술이 적용된 제품이 중국기업으로 가는 것을 막고자 한다. 이는 미국의 원천기술을 카드로 활용하여 중

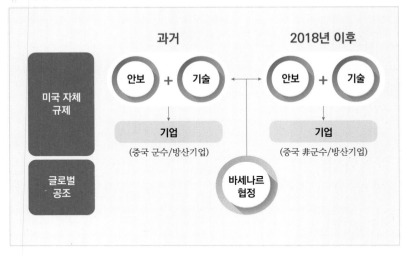

국이 집중하고 있는 분야를 견제하겠다는 것이다. 5G용 반도체와 통신 장비용 반도체가 대상이다. 미국의 규제 가운데 왜 이 기업을 규제하는 지 가장 명확하게 설명할 수 있는 규제이다.

기업규제는 산업안보국이 Black list라는 이름으로 관리하고 있다. 사실 정식 명칭은 Entity List이다. 이외에도 금지된 개인 명단DPL, Denied Persons List, 입증되지 않은 명단UL, Unverified List, 군사용 최종사용자 명단 MEU, Military End User List, 통합검사명단CSL, Consolidated Screening List 등이 있다자세한 내용은 BIS 홈페이지 bis.doc.gov 참조.

산업안보국이 나서서 관리하는 Black list를 예로 들어 설명해보자. 이 규정은 제품을 판매하고자 하는 기업은 Black list로 지정된 기업과 거래를 막고 있다. 나아가 제품을 판매하고자 하는 기업이 최종사용자End User를 확인해야 한다. 예를 들어 중개상을 통해 반도체를 수출할 경우 이 수출물품이 Black list에 지정된 Huawei로 가면 수출기업도 Black list에 등재된다. 최종사용자를 제대로 확인하지 않을 경우 모든 거래가 제한되는 치명타를 입을 수 있는 것이다. Black list 규정은 그렇게 강력하다. 중개상이 아닌 직접 계약할 경우에도 문제가 될 수 있다. 제품이 특정 제품에만 사용되는 것이 아니라 두루두루 사용될 수 있는 범용제품이라면 최종사용자를 특정하기 힘들다. A 기업에 판매했더라도 A 기업이 B 기업으로 물건을 되팔 수 있기 때문이다. 판매기업은 B 기업이 어디인지까지 확인해야 하는 부담을 안게 된다. 확실한 고객이 아니면 거래를 주저할 수 있는 심리적 저항선이 생겼다고 보면 된다.

미국은 중국의 많은 기업들 가운데 왜 하필 Huawei와 SMIC을 메

🔌 미국의 중국기업 Entity List 추가 추이(음영은 반도체 기업 직접 관련)

	일시	이유	산업	대표기업
1	2018.10.30	국가안보	반도체	JHICC(福建省晋華集成電路有限公司)
2	2019.5.15	국가안보	5G	Huawei 본사 및 계열사 포함 68개사
3	2019.6.24	국가안보	슈퍼컴퓨터	Sugon, Higon 등 5개사
4	2019.8.14	기술탈취, 국가안보	원자력 발전	CGN과 그 자회사 등 4개사
5	2019.8.19	국가안보	5G, 반도체	Huawei 해외 계열사 46개사
6	2019.10.7	신장위구르 인권	AI	Hikvision, Dahua Tech, iFLYTEK, SenseTime, Megvii 등 28개사
7	2020.5.22	신장위구르 인권	AI, 로봇, 사이버보안, 슈퍼컴퓨팅	Qihoo 360, CloudMinds Inc. 등 24개사
8	2020.7.20	신장위구르 인권	바이오, 고속철도	Xinjiang Silk Road BGI, Beijing Liuhe BGI, KTK Group 등 11개사
9	2020.8.17	국가안보	반도체, 5G	Huawei 해외 계열사 38개사
10	2020.8.26	남중국해	ICT, 해저케이블, 건설	CETC-7, CETC-30, Shanghai Cable Offshore Engineering 등 24개사
11	2020.12.18	국가안보, 인권	드론, 반도체, 우주항공	DJI, SMIC을 포함한 60개사
12	2021.1.14	남중국해	에너지	CNOOC
13	2021.4.8	국가안보	슈퍼컴퓨팅 반도체	Tianjin Phytium을 비롯한 슈퍼컴퓨팅 관련 반도체 설계회사 7개사
14	2021.6.24	신장위구르 인권	반도체 및 에너지	HoShine Silicon Industry 등 5개사

자료 : 연원호(2021), KIEP

인 타깃으로 하고 있을까? 실제 2018년부터 중국의 반도체 기업을 제재
했는데 Huawei와 SMIC에게만 이중 삼중의 규제가 적용되고 있다. 이
들 이외 규모가 작은 기업에 대한 제재가 계속되겠지만 결국 Huawei,
SMIC만큼의 파급효과를 가지기는 어려울 것이다. 상징성과 파급력 차
원에서 말이다.

큰 물고기부터 잡겠다

미국이 Huawei, SMIC을 겨냥한 명백한 이유가 있다. 단순히 이 기
업들만 미워해서가 아니라 이들 기업을 때리는 노림수가 분명히 있다는
말이다.

첫째, 큰 놈만 잡자. Huawei는 중국 기술굴기를 상징하는 대표적인 기
업이다. 글로벌 5G 장비·휴대폰 시장에서 1위를 했거나 1위를 넘나들고
있다. 미국의 눈에는 가시 같은 존재다. 중국 Fabless반도체 설계업체 1위 업
체인 하이실리콘Hisilicon을 자회사로 두고 있어 확장성마저 높다. SMIC는
중국 1위 파운드리위탁생산 업체이다. 중국에서 가장 앞선 14nm 생산까지
기술이 올라왔다. Intel이 가진 최첨단 공정기술이 10nm 수준에 있어
Intel을 위협할 가장 큰 도전자로 부상했다. 반도체 설계와 생산을 담당
하는 큰 물고기 두 마리만 잡으면 일단 시간을 벌 수 있다는 계산이다.

둘째, 관련산업의 길목을 차단하자. Huawei, SMIC은 중국의 군산복
합체와 AI 등으로 연결되는 핵심고리 역할을 한다. Huawei의 Fabless,
SMIC의 파운드리를 잡을 수 있으면 군산복합체 이든 인공지능 이든 중
국의 질주를 제어할 수 있다고 보는 것이다. 실제로 중국의 군산복합체
가운데 규모가 큰 기업들은 미국의 Black List에 등재돼 있어 해외에서

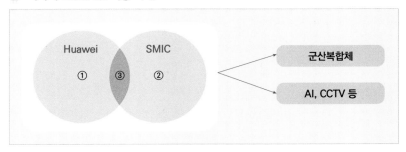

미국의 Black list 적용 사례

제품구매의 길이 사실상 막혀 있다. Huawei의 설계능력과 SMIC의 생산능력의 결합을 막을 수 있으면 중국의 반도체 문제는 당분간 걱정하지 않아도 된다는 생각이다.

미국이 중국을 제재할 때 들이댄 명분은 나름대로 근거를 가지고 있고 목표도 명확하다. 중국에 대한 규제는 말폭탄 차원이 아니라 실제 공무원이 집행하는 단계에 들어서 있다. 그렇다면 Huawei, SMIC 수출을 막은 근거는 무엇인가? Huawei의 5G 장비와 핸드폰에 사용되는 반도체 수출을 제한받고 있다그림①번. 2019년 5월 Huawei가 Black list로 지정되자마자 구글, 퀄컴 등 기업들이 Huawei와 거래중단을 선언했다. 이어 2020년 5월에는 TSMC가 화웨이의 반도체 위탁생산을 중단하겠다고 발표했다. SMIC에는 10nm 이하의 미세공정에 필수적인 EUV극자외선, Extreme ultraviolet, 웨이퍼 위에 빛을 쬐어 반도체 회로를 만드는 설비 수출을 금지했다그림②번. 단 EUV보다 한 단계 기술수준이 낮은 것으로 평가되는 DUV심자외선, Deep Ultraviolet 수출만 허용했다. 이로써 SMIC은 10nm 이하의 첨단공정으로 직진하는 데 어려움에 처해 있다.

모호하고 해석의 여지가 많은 안보문제도 적용했다그림③번. Huawei가 생산한 제품이 군사용으로 전용되거나 중국인의 인권을 침해하는 제품에 사용될 수 있다는 논리다. SMIC도 마찬가지로 생산한 제품이 군사용이나 인권침해에 사용될 수 있다는 것이다.

중국을 잡기 위해서 위에 언급된 미국의 자체 규정뿐만 아니라 국제협약을 통한 글로벌 공조도 빼놓을 수 없다. EUV 수출규제가 대표적 사례이다. 2019년 12월 '바세나르 협정'에 가입된 42개 회원국이 네덜란드의 바세나르 지역에 모였다. 회원국 전체가 참석하는 총회에서 이중용도Dual-use 수출제한 품목에 EUV를 추가하는 결정을 내렸다. 아주 이례적인 일이다. 미국이 글로벌 동맹국을 규합해 활용한 첫 구체적 사례이다.

바세나르 협정의 총회 결의사항을 근거로 미국은 2020년 10월 연방관보Federal Register에 EUV 수출을 제한한다는 내용을 게재했다. 이에 따라 EUV 생산을 독점하고 있는 네덜란드 ASML은 중국에 대한 EUV 수출을 못하게 됐다. 사실 바세나르 협정은 협정 가입국가가 총회의 결

🔔 **Huawei, SMIC 제재 Timetable**

	'18.8	'18.12	'19.5~8	'20.5~8	'20.10~12	'21.6
미국의 규제근거	• 새 NDAA 발효 – ECRA, FIRRMA, 수입규제				• 바세나르 협정에 따른 ERA 규정 개정 (EUV 수출금지)	• IEEPA
제재 이유	• 통신 장비 Back Door 설치	• 이란과 거래금지 위반	• 통신 장비 Back Door 설치	• 반도체 기술의 군사 전용	• 반도체 기술의 군사 전용	• 군산복합체와 연관
제재 대상	• Huawei (수입금지)	• Huawei 멍완주 부회장 기소	• Huawei 본사와 자회사 114개 Black List 등재 (수출금지)	• Huawei 자회사 38개 Black List 추가 (수출금지)	• SMIC을 Black List 추가 (수출금지)	• Huawei, SMIC을 Black List 추가 (투자금지)
해외기업의 Action			• 구글, 인텔, ARM등 Huawei와 거래 중단	• TSMC, Huawei와 반도체 거래중단	• ASML, SMIC에 EUV 수출중단	

구분	메이트10프로	P20 프로	메이트20프로	P30프로
NAND	도시바	삼성	도시바	마이크론
DRAM	삼성	마이크론	하이닉스	하이닉스
AP	하이실리콘	하이실리콘	하이실리콘	하이실리콘
전력칩	하이실리콘 TI	하이실리콘 TI	하이실리콘	하이실리콘
CIS 칩	소니 옴니비전	소니 옴니비전	소니 옴니비전	소니 옴니비전
주파수칩	스카이웍스 하이실리콘 NXP	스카이웍스 하이실리콘 NXP	스카이웍스 하이실리콘 NXP	스카이웍스 하이실리콘 NXP
Wifi 칩	브로드컴	브로드컴	사이프러스	하이실리콘
무선충전	–	–	IDT	IDT
지문인식	구딕스	구딕스	구딕스	구딕스
OLED	삼성	삼성	BOE LGD	BOE LGD

자료 : 김성옥(2019), KISDI

의사항에 대해 강제로 이행할 의무가 없다. 총회에서 의결된 사항은 말 그대로 권고이고, 각 국가에서 법제화하지 않아도 되는 것이다. 미국의 직간접적 압박이 아니면 설명하기 어려운 부분이다.

제제의 효과는 이미 가시화되고 있다. Huawei는 5G 핸드폰에 필요한 반도체를 구입하지 못해 4G 제품만 만들고 있으며, 핸드폰 사업 자체를 접어야 하는 상황에 직면하고 있다. Huawei의 제재 여파는 Huawei에 반도체를 공급하던 회사들까지 영향을 주고 있다.

한때 글로벌 반도체 Top 10에 진입했던 Hisilicon_{Huawei의 자회사}은 현재 그 존재감이 거의 없어지고 있다. 미국의 제재를 받을 경우 한 기업의 운명이 천당에서 지옥으로 떨어질 수 있음을 보여준 대표적인 사례이다. Hisilicon의 개발인력은 이미 중국 내 다른 Fabless 기업으로 옮겨가고 있다는 소문이 무성하다. 이런 기술인력을 흡수하는 회사가 미국의 다

🏭 2020년 상반기 매출기준 글로벌 TOP 10 기업

(단위: 100만 달러)

'20년 6월 말 랭킹	'19년 6월말 랭킹	회사	본사 소재지	'20년 6월 말 매출(A)	'19년 6월말 매출(B)	A /B
1	1	Intel	미국	38,951	32,038	22%
2	2	Samsung	한국	29,750	26,671	12%
3	3	TSMC	대만	20,717	14,845	40%
4	4	SK Hynix	한국	13,099	11,558	13%
5	5	Micron	미국	10,624	10,175	4%
6	6	Broadcom	미국	8,109	8,346	-3%
7	7	Qualcomm	미국	7,857	7,289	8%
8	10	Nvidia	미국	6,525	4,674	40%
9	8	TI	미국	6,241	6,884	-9%
10	16	HiSilicon	중국	5,220	3,500	49%
Top 10 전체				147,093	125,980	17%

자료 : 각 회사 보고서

음 공격목표가 될 수 있다.

　SMIC는 미세공정 14nm에서 발목이 잡혀 있다. 앞으로 반도체는 소형화, 집적화의 특징을 보이며 많은 디지털 기기에 사용되는 추세로 나가고 있다. 현재의 미세공정 기술에서 EUV가 없는 최첨단공정은 거의 불가능한 것으로 알려져 있다. EUV는 실리콘 웨이퍼 위에 그림을 그리듯 회로를 그리는 장비이다. 따라서 EUV 없는 첨단 반도체는 상상하기 힘든 시나리오다. SMIC은 곧바로 10nm로 갈 수 있는 길을 잃고 있다. 물론 방법이 전혀 없는 것은 아니다. 문제는 시간이다. SMIC의 10nm 돌파여부가 미·중 반도체 분쟁을 바라보는 하나의 바로미터가 될 수 있는 것이다.

　사실 미국의 중국 규제는 트럼프 행정부에서 시작한 것이고 바이든 행정부에 그대로 이어져오고 있다. 트럼프 정부가 중국 때리기에 올인했

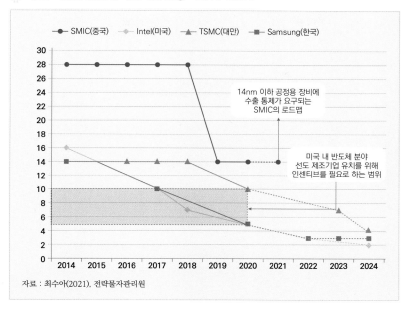

주요 기업별 반도체 제조기술 현황 : 2014~2024

14nm 이하 공정용 장비에
수출 통제가 요구되는
SMIC의 로드맵

미국 내 반도체 분야
선도 제조기업 유치를 위해
인센티브를 필요로 하는 범위

자료 : 최수아(2021), 전략물자관리원

다면 바이든 행정부는 미국의 반도체 산업육성에 온 힘을 쏟고 있는 모
양새다.

미국의 큰 그림 2

미국에 첨단 반도체공장이 필요해요

"반도체를 포함해 공급망의 안정에 중요한
4개 업종에 대해 100일간 조사하라"

2021년 2월 24일 바이든 대통령은 평소의 온화한 스타일은 온데간데 없이 강도 높은 톤으로 카메라 앞에 섰다. 공급망 안정화 차원에서 100일 동안 미국이 처한 현실을 낱낱이 조사하고, 그 결과에 대해 많은 사람들의 이해를 구하자는 것이다. 미국이 자신의 치부까지 드러내겠다는 선언에 전세계는 한순간 긴장했다. 그렇게 바이든의 선언은 태풍급으로 발전하며 전세계의 모든 이슈를 삼키는 폭발력을 가지고 있었다. 그 100일 동안 마음 편히 보낸 국가나 기업은 없을 정도였다.

2월의 미국의 공급망 안전점검 행정명령 이후 6월 4일 그 결과물이 발표됐다. 단순하게 요약하면 대형 Fab이 많이 필요하고, 반도체 소재의 R&D를 위해 노력하겠다는 것이다. 이를 통해 미국 내 자급자족이

🔔 바이든 대통령의 절박함

바이든 대통령은 이례적으로 2021년 2월 반도체 관련 글로벌 기업들을 모아놓고 회의를 개최했다. 그는 평소의 온화한 태도는 온데간데없이 단호한 태도로 반도체의 중요성의 강조하고 있다. 들고 있는 반도체는 8인치 웨이퍼이며 자동차용 반도체의 Shortage를 강조하고 있다.

가능한 자기완결적 가치사슬Full Value Chain을 만들겠다는 것이다. 그러나 가장 취약하게 거론되는 첨단 대형 Fab은 외국기업의 도움 없이는 불가능하다. 미국에서 가장 앞선 기술에 있는 인텔도 10nm 장벽에 막혀 있다. 최첨단공정의 기준으로 취급되는 10nm 이하 기술을 가진 미국기업이 없는 것이다. 결국, 미국에는 최첨단반도체를 생산할 수 있는 공장이 없다는 뼈아픈 진실을 다시 확인하게 된다.

사실 미국의 반도체 공급망이 취약해진 것은 미국이 방조한 측면이 강하다. 미국은 고부가가치로 평가되는 Fabless와 반도체 장비에 집중했다. 반면 투자부담이 크고 상대적으로 수익성이 낮은 것으로 평가되던 Fab 투자에는 주저했다. 실제로 5nm급 공장 증설에 최소한 120억 달러가 필요한 것으로 알려졌다. 그 결과 반도체 생산의 64%가 한국,

중국, 일본, 대만 등 동아시아로 집중하게 됐다. 지금 미국은 이 문제를 심각하게 보면서 지정학적으로 위험한 지역으로 판단되는 생산시설의 동아시아 집중을 우려하고 있다.

명분은 코로나19가 제공했다. 코로나가 심화되고 글로벌 공급망이 불안해지면서 차량을 중심으로 미국 내 반도체 공급망에 불안이 나타났다. 반도체가 없어 자동차 생산을 못 하는 상황이 생긴 것이다. 미국의 진단은 수요에 버금가는 생산공장이 미국에 없기 때문에 발생했다는 것이다.

미국에 충분한 생산시설을 갖추기 위해 520억 달러를 들고 나왔다.

🏭 미국의 반도체 공급망 요소별 자체 진단

공급망 구분	현안 및 진단
디자인 Design	• 종합반도체(IDM, Integrated Device Manufacturer) 및 팹리스 기업을 중심으로 경쟁력 수준이 높다고 평가 • 설계 지식재산(IP), 소프트웨어(EDA) 부문은 선도하고 있다고 평가 • 다만, 중국에 대한 높은 매출 의존도와 외국인 인재에 대한 의존은 위협 요인으로 인식
제조 Fabrication	• 가장 취약한 섹터로 진단 • 미국 내 반도체 제조기반이 총체적 열세라고 판단 • 첨단 반도체(Leading Edge Logic Chips)는 대만·한국, 저(低)기술 반도체(Mature Node Chips)는 중국에 의존하고 있는 형국 • 제조기반 부재로 인해 ATP, 소재, 장비 등 반도체 제조와 밀접하게 연관된 부문이 제조과정에서 기술·지식을 축적할 수 있는 기회를 상실한다고 진단
후공정 ATP and Advanced Packaging	• 취약 섹터로 진단 • 중국이 대규모 투자와 단가 조정으로 시장을 왜곡하고 있다고 평가 • 패키징을 위한 핵심 중간재인 인쇄회로기판의 미국 내 제조기반이 매우 취약하다고 진단 • 내수(국방)로는 국내 ATP 분야의 발전 및 유지가 어렵다고 평가
소재 Materials	• 취약 섹터로 진단 • 초고순도 폴리실리콘, 웨이퍼, 포토마스크, 포토레지스트 등 핵심 소재 경쟁력이 일본 및 유럽에 비해 취약한 것으로 인식 • 다만, 가스 및 습식 화학소재(Wet Chemicals)에 대한 미국의 경쟁력은 높은 편으로 평가
제조장비 Manufacturing Equipment	• 전(前)공정 제조장비 경쟁력은 우수 • 다만, 첨단 노광(Lithography) 장비는 네덜란드 및 일본에 의존 • 미국 장비 업체들의 아시아(대만, 한국, 중국 등)에 대한 매출 의존도는 문제로 지적

자료 : 이준, 경희권, 이성경, 이고은(2021), KIET

이는 미국의 산업정책 역사상 유례를 찾아보기 힘든 내용이다. 시장경제 체제인 국가에서 특정 산업을 육성하기 위해 정부가 나서서 이렇게 많은 금액을 일시에 쏟아붓겠다는 것이다. 한마디로 반도체 국가주의Semi-conductor Nationalism 선언이다. 반도체 육성을 위한 국가주도 성장. 우리에게 익숙한 이 단어가 미국에서 나오니 왠지 낯설다. 그만큼 절실한 것이 아닐까 싶다.

미국 반도체는 동맹국과 함께한다

반도체 육성에서 동맹국과 협력도 많이 언급되고 있다. 거두절미하고 미국에 투자하라. 앞으로 중국은 쳐다보지도 말고 미국에 줄을 서라. 동맹국들에게 미국발 열차에 탑승하라는 신호를 적극적으로 보내고 있다. 출발은 알렸는데 열차는 어디로 향해 가고, 그 티켓의 가격이 얼마인지 아무도 모르는 상황이다. 미국의 신호에 호응하면 어떤 혜택이 있는 지 명확하지도 않다. 또한 모든 나라들이 반도체를 겨냥한 육성정책을 쏟아내고 있는 상황에서 동맹국들이 미국의 행보와 어떻게 보조를 맞출지 계산할 시간도 주어지지 않는다.

그렇다면 미국은 이런 상황을 어떻게 관리하려 하나? 사안별로 협력을 원하는 국가와 기업을 나눌 가능성이 높을 것으로 생각해볼 수 있다. 이미 그 내용이 하나씩 구체화되고 있다. 한국과 대만의 첨단 공장 유치, 일본과는 첨단 소재 협력이 현실화되고 있다.

미국이 현재 반도체 육성을 위한 노력을 얼마 동안 지속할 수 있을까? 정확히 추정하기는 어렵지만 반도체 산업이 미국에서 어떤 위상을 갖고 있는지 보면 간접적으로 추정할 수 있을 것이다. 2020년 기준 반도체 산업은 직간접적으로 185만 개의 일자리를 창출하고, GDP의 2,464억 달러를 창출했다. 만약 500억 달러의 정부 인센티브가 집행되면 향후 5년 1,477억 달러의 부가가치를 창출하고, 1,100만 개의 일자리를 창출하게 될 것으로 보인다. 이 정도 영향력과 규모를 가지고 있는 산업 분야라면 쉽사리 포기하기보다는 더 잘하려고 노력할 것이라는 확신이 든다.

🏛 **미국경제에서 반도체의 위상**

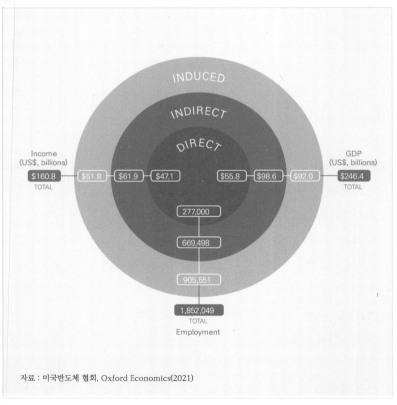

자료 : 미국반도체 협회, Oxford Economics(2021)

중국이 생각하는
반도체

"트럼프가 진짜 우리를 치겠다는데
우리도 가만히 있을 수 없는 것 아닌가?"

미국이 중국의 기술굴기를 막겠다고 작정하고 나선 2018년 8월 중순. 트럼프 대통령이 중국의 기술견제를 위해 새로운 국방수권법을 통과시킨 시점이다. 중국의 수뇌부가 업무를 보는 중남해의 회인당懷仁堂. 중국의 '경제 차르' 류허Liu He, 刘鹤 부총리는 심각한 표정으로 주위를 둘러본다. 분위기는 무거웠고 모두 그 무게에 눌려 어색한 공기가 주변을 감돌고 있었다.

긴 침묵을 깨고 누가 먼저랄 것도 없이 이구동성으로 우리가 잘하는 방법으로 하자는 결론이 났다. 그 방법은 중국에 너무나 익숙한 Matrix 조직을 만들어 대응하는 것이다. 2018년 9월 7일 '국가과학기술체제개혁 및 혁신시스템 구축 TF'国家科技体制改革和创新体系建设领导小组는 그렇게 새로운 모습을 드러냈다. 미국에 맞서는 범정부차원의 Tech TF의 수장은 당연히 류허 부총리 몫이 됐다. 이후 전세계 언론이 류허 부총리의 일거수 일투족을 주목한 것은 불문가지이다.

미국의 날선 공격으로 중국의 마음이 급해졌다. 2015년 '중국제조 2025'를 통해 반도체에 올인하던 중국. 중국의 반도체 자급률 2025년 70%라는 원대한 꿈도 함께 제시됐다. 이런 꿈도 미국의 급소를 찌르는 공격에 움찔했다. 이런 원대한 꿈은 이미 실현 가능성이 없는 것으로 판명이 났지만 반도체를 위한 여정은 현재진행형이다.

설마하던 Huawei에 대한 미국제제가 시작된 2019년 5월 중국은 사색이 되었다. 이를 예견이라도 한 듯 시진핑 주석은 2018년 6월 일찌감치 '반도체 국산화'에 쐐기를 박았다. '반도체 심장론'은 이렇게 나왔다. 최고지도자의 한마디에 중국은 일사불란하게 움직인다. 정부가 시장을 만들고, 시장을 키우는 중국 특유의 국가주도 반도체 육성은 이렇게 새로운 얼굴을 가지고 나타났다.

중국의 큰 그림 1

미국 규제의 틈새를 공략하라

 미국이 중국기업과 거래를 틀어막는 정책을 잇따라 내놓았다. 그렇다고 여기에서 포기할 중국이 아니다. 세상에 모든 것을 못 하게 하는 완벽한 규제는 없다. 그 틈새를 찾아보자. 중국은 미국보다 규제가 느슨한 유럽으로 눈을 돌린다.

 네덜란드에는 반도체 첨단공정의 핵심 장비를 생산하는 ASML이 있다. 이야기는 2018년으로 거슬러 올라간다. ASML은 중국 1위 파운드리 업체인 SMIC와 EUV 수출계약을 체결했다. 그런데 문제가 생겼다. EUV 장비는 대당 2,000억 원의 값비싼 장비인데 ASML은 연간 30~40대 정도 생산하는 것으로 알려졌다. 많은 반도체 생산기업들이 첨단 미세공정을 적용한 공장을 본격적으로 건설하면서 EUV는 전형적인 수요 초과 상태이다. 이런 상황에서 SMIC에 납품 준비를 하던 차에 바세나르 협정에서 2019년 12월 EUV의 중국수출을 금지하는 내용을 발표하고, 미국은 2020년 10월 수출금지품목에 EUV를 추가했다. 설상가상으로 2020년 12월 SMIC은 미국의 Black list에 올랐다. EUV 수출금지와 SMIC와 거래제한으로 ASML과 SMIC의 계약은 파기 직전에 놓였다.

미국, 중국, 네덜란드 정부가 EUV 수출 관련 논쟁을 벌이고 있을 때 의외로 미국에서 돌파구가 열렸다. 10nm 이하의 첨단 미세공정 장비가 아니라면 Black list라도 수출이 가능하다. 그럼 DUV는 된다는 거잖아. 그렇게 EUV를 대신하여 DUV의 중국행 선박의 뱃고동이 울렸다.

중국은 반도체의 '반' 자만 들어가도 눈독을 들이고 있다. 따라갈 수 없으면 사버리자. 미국에서는 외국인투자에 대한 심사가 강화되면서 투자에 많은 좌절을 겪었다. 그렇다면 규제가 느슨한 유럽에서 똘똘한 놈을 찾자. 중국의 유럽 기업사냥은 그렇게 시작됐다.

스마트폰 ODM 업체인 Wingtech闻泰科技, 상하이증시 상장회사가 이 틈새를 노리고 먼저 발빠르게 움직인다. Wingtech는 영국 최대 파운드리 회사인 Newport 인수를 선언했다. 인수의 주체는 Wingtech가 2018년 인수한 네덜란드의 Nexperia이전 NXP의 자회사이다. Newport는 2017년 영국 웨일스 정부의 대출금 1,300만 파운드에 대한 부채상환 부담에 어려움을 겪고 있었다. 중국의 반도체 확보와 경영악화 기업의 Exit 수요가 맞물린 대표적 사례이다. 그러나 영국정부는 Newport가 영국정부의 군사용 반도체를 공급하고 있다는 안보 이슈를 내세워 문제를 제기하고 있어 Deal은 사실상 무산됐다.

한편, 중국 내 실적이 안 좋은 기업은 다 바꾸겠다는 입장이다. 한마디로 '정부에만 기대지 말고 기술력을 쌓아야 한다'는 신호를 보내고 있다. 중국의 반도체 굴기를 상징하던 칭화유니Tsinghua Uni 그룹은 새로운 정책의 시범 케이스가 되며 부도처리됐다. 그러나 중국은 칭화유니가 아니더라도 반도체는 꼭 필요하다. 칭화유니 산하에는 YMTC메모리의 NAND 생산, XMC파운드리, UNISOCFabless가 있다. 칭화유니 그룹은 DRAM을 제외한 모든 영역에서 포트폴리오를 가지고 있다. 중국에서 기술혁신을 상징하는 알리바바 같은 기업들이 이 회사를 인수하기 위해 뛰어든 배경이다.

의외의 회사가 칭화유니를 차지했다. 그것도 산업자본이 아니라 투자를 주로 하는 금융자본이 말이다. Wise Road Capital智路資本과 JAC Capital建廣資産이 그 주인공이다. 각각 2016년, 2014년에 설립된 투자회사가 230억 달러의 부채를 가진 회사를 인수한 것이다. '보이지 않는 손' 중국정부가 움직였다는 소문이 무성하다. 인수회사는 향후 생산회사YMTC, XMC는 분사하고, 설계회사UNISOC 위주로 투자할 계획으로 알려졌다.

칭화유니 사태는 중국이 반도체 육성에 새롭게 접근함을 의미한다. 지원은 하겠지만 실적도 철저히 따지겠다는 것이다. 실적이 안 좋으면 CEO도 가차 없이 갈아 치우겠다. 앞으로 중국의 반도체 기업들이 정신을 바짝 차리고 새로운 모습으로 나타날 가능성이 높아졌다. 중국이 육성하던 전기차 배터리 업체 가운데 실적이 좋지 않던 많은 기업들이 2018년부터 대거 구조조정도 단행하지 않았던가. 중국은 그렇게 직진이 안되면 우회하는 식으로 하나씩 하나씩 경험을 쌓아가고 있다.

미국이 하면 중국도 한다

미국의 규제에 대해 중국도 맞불을 놓고 있다. 미국 따라하기로 말이다. 미국이 2018년부터 대중국 규제를 시작하고 2년 남짓 시차를 두고 중국에서 비슷한 법안들이 속속 만들어졌다. 수출을 제한하기 위하여 '수출 금지·제한 기술목록'2020. 8, '수출통제법'2020.10을 잇따라 발표했다. 외국기업의 투자에 제한을 가하기 위한 '외국인투자안전심사법'도 2021년 1월 통과시켰다. 중국판 Black list인 '신뢰할 수 없는 기업리스트'UEL, Unreliable Entity List도 발표했다. 특히 미국의 제재를 이행하는 기업에 보복조치를 내릴 수 있는 '외국법의 부당한 역외적용을 막기 위한 조치'와

🏛 **중국의 반도체 규제 관련 법 정비**

일시	법률규정	주요 내용
2020. 8. 28	「수출 금지·제한기술목록 (中国禁止出口限制出口技术目录)」 조정	• 23개 첨단기술 분야를 추가하여 수출 제한·금지 항목이 164개로 증가
2020. 9. 19	「신뢰할 수 없는 기업 리스트 규정 (不可靠实体清单规定)」 발표	• 등재 기준 및 제재 수단을 명시: 1) 중국의 국가 주권, 안보 및 개발 이익을 침해 2) 시장 거래의 원칙을 위반하거나 중국의 기업 또는 개인에 대한 차별적 조치를 취하여 합법적인 권익을 심각하게 훼손하는 행위
2020. 10. 17	「수출통제법 (中华人民共和国出口管制法)」 채택	• 미국 ECRA와 유사, 12월 1일 발효
2021. 1. 9	「외국법의 부당한 역외 적용을 막기 위한 조치(阻断外国法律与措施不当域外适用办法)」 공표 및 발효	• 부당한 외국법을 따르는 제3국 기업들에 손해배상 청구 가능(인민법원) • 피해를 본 중국기업들에 정부의 지원도 가능해짐
2021. 1. 18	「외국인투자안전심사법 (外商投资安全审查办法)」 발효	• 중국 전역에 적용 가능한 신형외자관리 시스템 도입 • 중국 국가안보에 영향을 주는 투자에 대한 사전심사
2021. 6. 10	「반 외국제재법(反外国制裁法)」 발효	• 외국이 자국법률에 근거해 국제법과 국제관계 준칙을 위반하여 중국의 국민이나 기업에 차별적인 조치를 취할 경우, 중국은 직간접적으로 해당 조치의 결정이나 이행에 참여한 외국의 개인 및 조직을 블랙리스트(보복행위 명단)에 추가

자료 : 연원호(2021), 법무법인(유) 광장, 한국반도체산업협회 공동세미나

'反외국제재법'은 중국기업과 거래에서 특히 유의해야 할 것으로 보인다. 다만 위에 언급된 규제내용이 법으로만 만들어져 있고 아직까지는 적용하지 않은 것으로 알려졌다. 이는 외국기업의 중국투자를 굳이 막을 필요가 없다는 현실적인 인식의 결과로 보인다. 그러나 최악의 경우, 엄포가 아니라 현실화될 가능성도 배제하기 어렵다.

결국 미·중 반도체 전쟁은 싸우면서 배우고 있다. 미국은 중국의 보조금에 대해 WTO 제소 등을 압박했는데 미국마저 중국식 보조금 살포를 따라하고 있다. 반면 중국은 미국의 제재 내용을 그대로 가져와 수출·투자에 대한 강제규정을 마련하고 있다. 세상에 영원한 천사와 악마는 없다는 것을 반증한다.

중국의 큰 그림 2
모이가 많으면 새가 날아든다

중국의 반도체를 육성하기 위한 정책은 일반인의 상상을 뛰어넘을 정도의 과감성이 있다. 많은 정책 가운데 2015년 시작된 '중국제조 2025'가 핵심이다. 이 내용을 자세히 보면 중국이 가고자 하는 길이 보인다. 나머지 정책들은 중국제조 2025에서 제시된 내용을 달성하기 위한 합법적인 수단을 제시하고 있다. 세제와 투·융자 지원도 포함해서 말이다.

'중국제조 2025'에서는 '차세대정보기술산업' 항목에서 구체적인 반도체 육성분야를 제시하고 있다. 설계Core IP, EDA, 후공정3D 패키징, OSAT, 장비가 그것이다. 반도체 가치사슬의 모든 과정에 뛰어들겠다는 선언으로 해석된다.

생산기술과 관련해서는 '13차 5개년 과학기술혁신계획'에서 자세히 설명하고 있다. 13차 5개년 계획은 2016년부터 2020년까지 5년을 의미한다. 14nm Logic Chip 생산, 14~28nm의 장비, 소재, 패키징 기술 개발 등이 대표적으로 언급된 분야이다.

가장 눈여겨볼만한 것은 중국 특유의 보조금 살포정책이다. 2014년

🏛 중국의 반도체 산업 육성관련 정책

발표 시기	정책 명칭	주요 내용
2014. 6	국가집적회로산업 발전촉진강요	반도체 산업의 40%를 차지하는 설계업의 발전을 적극 추진하고 반도체 제조업의 가속화된 발전을 시행. 패키징, 테스트 업계의 발전 수준을 제고하고 반도체 관련 시행. 설비와 재료의 업그레이드를 추진
2015. 5	중국 제조 2025	핵심기초부품(부속품), 선진기초 공예, 기초재료 등의 발전방향 모색. 반도체 및 전용설비를 중점발전 대상으로 지정하여 반도체 설계 수준의 제고를 추진. 전자기기산업발전의 핵심통용 메모리칩을 연구하고 국가 반도체 칩의 적용 능력 배양
2016. 3	국민경제 사회발전 13.5 규획강요	연구개발을 통한 반도체의 선진화 및 산업화 추진, 신성장 동력 마련을 위한 반도체 조명 등 적용기술 강화
2016. 7	국가정보화발전전략강요	선진기술 시스템 건설 및 기초연구 강화, 산업생태계 협동발전과 우수 기업 육성, 중소기업 창신지원 및 정보자원 규획 강화, 정보자원 이용수준 제고
2016.12	13.5 국가전략성신흥산업발전규획	기술핵심산업 강화와 핵심기초 소프트웨어 공급능력 제고, 전자기기 부속품의 업그레이드 시도, 마이크로 광전자 영역 연구개발 등
2017. 1	전략성 신흥산업 중점상품과 서비스지도목록	반도체, 실리콘 재료 및 화합물 반도체 재료 등을 신흥산업 중점상품으로 지정
2018. 3	집성회로 생산기업 기업소득세 정책 문제 통지 관련	2018년 1월 1일 이후 신설된 130나노보다 작은 반도체 기업, 또는 경영기간 10년 이상의 집회로 생산기업 혹은 프로젝트 경우 1~2년의 기업소득세 면제와 3~5년의 25% 법정세율의 반감(50%) 시행 등
2018.11	전략성 신흥산업분류 2018	반도체 제조를 전략성 신흥산업으로 편입
2019. 5	집적회로 설계 및 소프트웨어 산업 기업소득세 정책의 공고	조건에 부합해 법에 근거해 설립된 집적회로 설계 기업과 소프트웨어 기업은 2018년 12월 31일 현재 이익 연도를 기준으로 계산해 우대기간 설정, 1~2년의 기업소득세 면제와 더불어 3~5년의 25% 법정세율 반감(50%) 시행 등
2020. 8	신시대 집적회로 산업과 소프트웨어 산업의 질적 발전 촉진 정책	처음으로 명확히 중국 본토의 반도체 재료와 설비산업의 발전을 격려한다고 언급, 재정세무, 투자융자 등 소프트웨어 산업의 발전과 반도체 재료기업의 경영환경 개선 및 반도체 재료산업의 빠른 발전을 촉진하기 위한 정책

자료 : Kotra, SK증권(2021)

반도체 전용 펀드인 '중국IC투자 산업펀드'CICIIF, China Integrated Circuit In-vestment Industry Fund가 만들어졌다. 미국이 2021년 520억 달러의 보조금을 결정하는 데 직접적인 영향을 준 펀드이다. 1기 펀드는 1,500억 달러의 자금을 조성했으며, 2019년에 시작된 2기 펀드는 현재까지 289억 달러가 모집된 것으로 알려졌다. 정부가 직접 지원하는 것이 아니라 투자회사를 설립하여 운영한다. 이는 정부의 직접 보조금지급을 엄격히 금하고 있는 WTO 규정을 피해가는 방법이기도 하다.

이 펀드의 대표인 Ding Wenwu정문무, 丁文武의 표현이 중국이 가고자 하는 길을 잘 설명하고 있다. 그는 2기 펀드 조성을 앞둔 2019년 기자회견을 자청했다. "1기 펀드는 주로 제조시설에 초점을 뒀다. 2기 펀드는 디자인, 장비, 소재에 대한 비중을 높일 것이다. 중국의 전기전자 기업들에게 국내 칩 구매를 독려하면 시장 수요는 자연스레 만들어질 것이다."

Ding Wenwu의 생각은 2021년부터 시작된 14차 5개년 경제개발계획에 그대로 반영됐다. 이 계획의 내용에는 반도체 설계툴인 EDAElec-tronic Design Automation, SiC·GaN 등 소재, 장비 등에 대한 육성정책을 구체화하고 있다.

중국의 경제차르 류허 부총리가 게임의 전면에 나섰다. 그의 말을 들어보자. "중국 기업이 취약한 분야가 분명히 있다. 이 부분은 글로벌 시장에서도 아무도 주도적인 위치에 있지 않아 중국도 해볼만하다. 중국의 역량을 모아 연구개발을 확대하자."

이는 단순히 부총리 한 명의 의견이 아니다. 시진핑 국가주석의 복심으로 통하는 그의 한마디는 무게감을 더한다. 이는 미국을 향한 완곡한 선전포고이기도 하다. 우리가 이렇게 할 테니까 미국도 긴장하라는 강력한 메시지를 보내고 있는 것이다. 이후 일어날 일은 너무 분명하다. 중앙정부의 여러 부서들이 머리를 맞대고 어떻게 지원할지 토론하고, 각 지

발표 연도	5개년 계획	목표 및 강조 분야	계획 추진 결과
2016	13차 5개년 계획 (중국제조 2025)	• 반도체 설계 • 제조(14nm 로직) • 패키징 산업 • 제조장비(성숙노드)	• 설계: HiSilicon • 제조: SMIC • 테스트 및 패키징: JCET • 장비: NAURA, AMEC 등 선진기 업 육성

2021	14차 5개년 계획	• 반도체 설계툴
		• 제조(10nm 미만, 첨단 메모리)
		• IGBT, MEMS
		• 고순도 소재 및 중점장비
		• SiC, GaN 등 3세대 반도체
			• 미국의 대중견제 분야(설계툴, 제
			  조장비,소재) 중심으로 자체 역량
			  개발·강화 전망

자료 : 연원호(2021), KIEP

방정부들이 경쟁적으로 관련 투자를 늘리며 투자붐이 일어나고… 중국식 자본주의의 일사불란함을 한 번 더 보게 될 것 같다.

중국의 반도체 육성정책은 결국 반도체의 전체 파이를 키우는 방향으로 전개되고 있다. 파이가 커지면 많은 기업들이 찾을 것이다. 미국기업에도 시장을 제공하면 미국의 규제를 일정 정도 피해갈 수 있다는 계산도 깔려 있다.

중국도 미국의 아킬레스건을 정확하게 알고 있다. 미국기업이 중국시장에 상당히 의존하고 있다는 것이다. 바이든 행정부의 100일 행정명령 보고서에서도 이를 우려하고 있을 정도이다. 인텔의 경우 2020년 매출의 26%가 중국에서 발생하고 있다. 글로벌 반도체 장비 2위 업체인 Lam research는 중국시장 매출 비중이 31%를 차지한다. 특히, 반도체 장비기업들은 상대적으로 규모가 적어 중국에서 번 돈으로 기술개발을 해야 한다. 미국이 그들에게 시장을 제공해주지 못한다면 결국 시장은 중국뿐이다. 미·중 반도체 갈등이 요란하게 전개되지만 소재·장비 전문기업들은 중국시장을 포기할 수 없다. 2019년 기준 중국의 반도체 생산 시설전공정, 후공정 포함은 글로벌의 17%를 차지하고 있다. 단순히 계산해도 소재·장비 업체의 중국 매출 비중은 17%를 넘는다는 뜻이다.

연구개발R&D을 하겠다는 것은 현재가 아니라 미래의 문제이다. 현재 중국에 가장 시급한 것은 첨단 대형 Fab을 갖는 것이다. SMIC이 14nm 를 상용화했지만, EUV 장비를 얻지 못해 10nm로 가기 힘들다. 기술력 을 가진 해외 기업들은 미국의 규제 때문에 중국에서 10nm 이하 생산 을 하기 힘들다. 당장 EUV 장비 반입이 어렵다. 현재 상태로 진행되면 중국은 10nm 이상의 Fab만 즐비하고, 10nm 이하의 첨단 Fab은 못 갖 춘 형태로 성장할 가능성이 높다. 중국의 고민이 깊어지는 대목이다.

미국의 Tech power vs.
중국의 Market power

　미국의 기술파워와 중국의 시장파워가 맞부딪히면서 큰 폭발음을 내고 있다. 미국의 기술파워는 이미 앞에서 설명했다. 중국의 시장파워는 무시해도 되는 것일까? 중국의 시장파워를 보여주는 대표적인 존재는 중국 '국가시장관리감독총국'SAMR, the State Administration for Market Regulation 이다. 이 기구는 중국의 행정부인 국무원 직속기관으로 정부 여러 부처에 있던 기능을 한데 묶어 2018년 출범했다.

　SAMR은 우리나라의 공정거래위원회와 같은 역할을 한다고 보면 된다. 공정거래위원회는 규제를 통해 모든 기업들이 같은 조건으로 거래를 할 수 있도록 교통정리를 하는 기구이다. 기업간 인수합병을 통해 인수하는 기업이 시장의 지배적 사업자가 될 경우 이를 거래 초기부터 찬성, 반대할 수 있는 것도 이 기구의 역할이다.

　특히, 글로벌 기업들은 중국의 기업결합심사라는 마지막 고비를 넘기지 못해 Deal이 좌초되는 경우가 많다. SAMR을 甲 중의 甲으로 부르는 것도 이 때문이다. 2018년 미국의 퀄컴이 네덜란드 반도체회사 NXP

를 인수하려고 했으나 이 기구가 반대하면서 최종거래가 무산됐다. 최근에는 미국의 반도체 장비회사인 Applied Materials의 일본 고쿠사이 일렉트로닉Kokusai Electronic 인수도 좌절된 것으로 알려졌다. Deal의 실패에 대해 많은 언론들은 "중국이 미국의 제재에 대한 보복 조치의 일환으로 의도적으로 심사를 지연시켰다"고 평가했다. SK하이닉스가 인텔의 낸드사업부를 인수하는 거래에서도 이 기구는 반드시 넘어야 할 산이었다. 실제 2020년 10월 90억 달러짜리 Deal 선언 이후 중국 국가시장관리감독총국의 허가를 얻기까지 무려 14개월의 시간이 걸렸다. 하이닉스 입장에서는 인텔의 낸드사업부 인수로 메모리반도체의 두 축인 DRAM에 이어 NAND에서도 2위 사업자가 될 수 있어 '반드시 확보해야 하는' M&A이기도 하다.

기업결합심사는 M&A로 2개 이상의 기업이 하나로 됐을 때 글로벌 시장에서 지배적 사업자가 되면서 시장을 독점할 수 있다는 우려를 불식시키는 역할을 한다. 이는 결국 공정한 거래를 방해한다는 논리이다. 중국이 세계 최대의 반도체 시장이 되다보니 글로벌 차원의 많은 Deal은 결국 중국의

🔔 **NAND 시장의 점유율 변화**

낸드플래시 세계 2위로 올라선
SK하이닉스(단위 : %)

순위	회사명	점유율
1	삼성전자	34.5
2	SK하이닉스(인텔 포함)	19.4
3	키옥시아	19.3
4	WDC	13.2
5	마이크론	10.4

※ 2021년 3분기 기준

자료 : 중앙일보(2021), 트렌드포스

장벽을 넘지 않으면 성사되기 어려운 구조이다. 앞으로 중국의 시장파워가 커질수록 많은 글로벌 기업들은 SAMR이라는 마지막 장벽을 어떻게 넘을지까지 전체 Deal 계획에 포함시켜야 함을 의미한다.

유럽과 일본도
발등에 불이 떨어졌다

　몸 무겁기로 유명한 유럽, 존재감이 약해진 일본도 별안간 반도체 전쟁에 참전선언을 했다. 유럽과 일본의 눈치 보기는 내심 미국과 중국의 싸움이 빨리 끝났으면 하는 차원에서였다. 은연중에 미국과 중국이 자기 편으로 끌어들이기 위해 경쟁하는 양상을 즐기고 있었는지도 모른다. 그러나 그들이 아무런 행동을 하지 않고 버틸 수 있을 정도로 시간은 유럽과 일본 편이 아니다. "가만히 있다간 우리 시장마저 다 빼앗기게 생겼다." 이 위기감은 공짜 점심은 없다는 단순한 진리와 맞닿아 있다.

　유럽과 일본이 처한 상황은 공통점이 있다. 먼저 미국이 안보를 명분으로 중국을 제재하고 있어 안 따를 수 없다. 그런데 미국 말만 들으면 우리한테 어떤 이득이 있지. 속으로 주판알을 충분히 튕긴 후 행동에 나섰다. 그래도 할 수 있다면 중국과 거래할 수 있는 방법을 찾자. 사실 정부 차원에서 나서도 쉽게 풀 수 있는 문제는 많지 않다. 그래도 정부의 다양한 대화채널을 활용하면 문제를 풀 수 있는 방법을 찾을 수도 있다.

　유럽은 미국의 제재에 대해 오랜 고민한 끝에 EUV 수출을 풀지 못했지만 DUV 수출을 가능하게 만들었다. 논리는 이렇다. EUV는 첨단 공정에 사용하기 때문에 어쩔 수 없다고 치자. DUV는 이야기가 다르지 않냐. 이미 보편화된 기술에 많은 기업들이 사용되는 DUV를 막는 것은 억지다. 이미 DUV 수출계약을 맺고 이에 맞춰 설비도 증설했는데 어떻게 하라는 거냐.

일본은 한술 더 떠 중국 전용 8인치용 DUV를 만들어 수출한다. Canon은 2021년 3월 이런 결단을 내렸다. 8인치와 DUV는 첨단기술 규제에서 빠져 있는 분야이다. 한마디로 중국시장에 올인하고 있는 것이다. 중국에 보편화된 공장은 현재 많이 사용중인 12인치 웨이퍼가 아니라 8인치이기 때문이다. 다른 시장은 몰라도 중국시장만 잡아도 승산이 있다는 계산에서 나온 결정이다.

중국기업의 투자에 대해서는 유럽과 일본은 약간 입장 차이가 있다. 유럽은 중국의 투자를 용인하고 있다. 다른 말로 하면 정부는 나서지 않고 기업의 판단에 맡긴다는 것이다. 그래서 중국 Wingtech의 영국회사 Newport 인수 시도가 가능한 것이다. 일본은 안보이슈로 중국기업의 반도체 분야를 틀어막고 있다. 일본의 경제산업성은 외국인이 무기, 항공기 등 민감품목에 투자할 경우 사전 승인을 받도록 하고 외국인 지분비율도 1%로 제한하기로 했다. 자민당도 반도체 소재·장비에 대한 기술유출 방지를 정부에 주문하고 있다.

반도체 육성에서는 유럽과 일본은 뚜렷히 다른 입장을 보이고 있다. 이는 각자 잘하는 분야가 다르기 때문이다. 먼저 유럽이다. 가장 시급한 것은 대형 Fab을 역내에 신설하는 것이다. 10nm 이하의 첨단 Fab보다는 유럽이 잘하는 자동차와 전력용 반도체를 생산할 대형 Fab이 필요한 것이다. 실제 유럽은 글로벌 반도체 비중에서 차량용은 32%, 전력용은 48.5%를 생산하고 있다. 특히 자동차 산업은 유럽에서 절대적인 위치를 점하고 있다. GDP의 7%, 노동시장 일자리의 6.7%, R&D 지출의 29%를 차지한다.

EU는 반도체를 포함한 디지털 육성을 위해 1,450억 유로의 예산을 책정해놓고 있다. 이런 정책은 EU 내 대표적인 반도체 기업들의 CEO들이 공동으로 보고서Boosting electronics value chains in Europe를 제출한 2018년 6월이 시발점이 됐다. 이들의 절박한 목소리는 굼뜬 EU를 움직이기에 충분했다.

보고서에 참여한 면면도 화려하다. 유럽을 대표하는 ST Micro, Infineon, ASML의 CEO들이 총출동했다. 이들의 메시지는 간단하다. "디지털 혁신에 낙오되면 미래는 없다. 유럽 회원국들이 각자의 장점을 살리되 대규모 반도체 투자에는 함께하자." 미국의 과학기술자문위원회PCAST의 2017년 보고서만큼이나 울림이 크게 나타났다.

유럽을 움직이게 만든 과정에는 정치인의 노력도 빼놓을 수 없다. 2020년 12월 유럽이 반도체에서 주도권을 회복하기 위한 취지로 EU의 22개 회원국이 '반도체 육성'에 동참했다. 산업화에는 빨랐지만 정보화에 뒤진 유럽의 경쟁력을 높이자는 취지이다. 뒤늦게나마 유럽의 현실을 자각한 측면도 강하다. EU 차원과 더불어 개별 국가들이 나서면서 각 국가와 기업들은 반도체에 대한 투자를 늘릴 추가동력을 확보하게 됐다. 기존 EU의 굼뜬 의사결정 과정을 지

**Boosting Electronics Value Chains
in Europe**

A report to Commissioner Gabriel

19 June 2018

유럽 반도체 부흥을 위한 보고서 표지

켜본 사람들은 완전히 새로운 EU를 목격하고 있다.

큰 방향성이 정해지자 기업의 움직임은 빠르게 가시화되고 있다. 우선 차량 전장산업을 하고 있는 Bosch가 움직였다. EU에서 보조금2.4억 달러을 받고 독일 드레스덴Dresden에 12억 달러 규모의 Fab을 2021년 6월 완공했다. 인텔도 EU 내 생산거점을 마련하기 위해 발빠르게 움직이고 있다. CEO인 팻 겔싱어는 독일에 대형 Fab 투자 의

유럽의 반도체 육성 선언 표지

향을 밝히며 100억 달러의 보조금을 달라고 공식적으로 요청하고 있다. 세계 1위 파운드리 업체인 TSMC도 독일에 첨단 Fab을 지을 것이라는 의사를 밝히며 분주히 움직이고 있다.

R&D도 빼놓을 수 없다. 유럽의 R&D는 IPCEIImportant Projects of Common European Interest 프로그램과 IMECInteruniversity MicroElectronics Centre을 통해 진행된다. IPCEI이 범유럽 프로그램이라면 IMEC은 글로벌 프로그램이다. 1984년 출범한 IMEC은 벨기에를 기반으로 반도체 관련 글로벌 협업을 지향하며 오늘에 이르고 있다. 유럽에만 특화된 프로그램이 아니라 누구나 참여할 수 있는 오픈형 기구이다. 100여 개의 국적을 가진 4,000여 명의 연구자가 과제에 참여하고 있다.

사실상 범유럽 연구개발을 총괄하는 IPCEI 중심으로 살펴보자. 반도체를 육성하기 위한 IPCEI 프로그램IPCEI on Microelectronics은 2018년 12월 설립됐다. 이에 앞서 배터리와 수소에 특화된 프로그램은 이미 운영

중이다. 위에서 언급한 2018년 6월 반도체 기업 CEO들의 보고서가 결정적인 역할을 했다. 반도체 IPCEI 프로그램은 유럽 차원에서 시드머니를 투자하고, 참여하는 국가와 기업들이 자본을 출연하는 방식으로 운영된다. 현재 5개 국가영국, 프랑스, 독일, 이탈리아, 오스트리아가 19억 유로를 출자했으며 참가한 32개 기업이 61억 유로를 투자해서 운영하고 있다.

IPCEI 프로그램은 장기적인 연구개발 과제이며 5개 분야로 나뉘어 있다. 에너지효율 반도체, 전력반도체, 센서, 첨단광학장비, 복합 소재 등에 집중한다. 앞의 네 가지 분야는 주로 현재 EU가 잘하고 있어 더 잘하자고 하는 분야이다. 특히 주목할 것은 SiC탄화규소, GaN질화갈륨 등 복합소재 분야이다. 이들 소재는 자동차용, 전력용 등에 널리 사용될 것으로 예상되는 새로운 소재들이다. 참여하고 있는 기업의 면면도 화려하다. ST Micro, Infeneon 등 유럽을 대표하는 반도체 기업들을 총망라하고

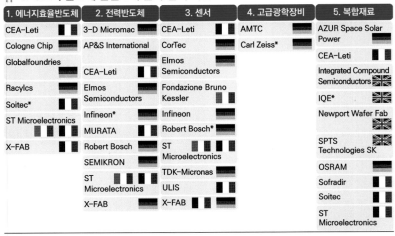

IPCEI의 반도체 관련 5개 분야 참여 기관

1. 에너지효율반도체	2. 전력반도체	3. 센서	4. 고급광학장비	5. 복합재료
CEA-Leti	3-D Micromac	CEA-Leti	AMTC	AZUR Space Solar Power
Cologne Chip	AP&S International	CorTec	Carl Zeiss*	CEA-Leti
Globalfoundries	CEA-Leti	Elmos Semiconductors		Integrated Compound Semiconductors
Racylcs	Elmos Semiconductors	Fondazione Bruno Kessler		IQE*
Soitec*	Infineon*	Infineon		Newport Wafer Fab
ST Microelectronics	MURATA	Robert Bosch*		SPTS Technologies SK
X-FAB	Robert Bosch	ST Microelectronics		OSRAM
	SEMIKRON	TDK-Micronas		Sofradir
	ST Microelectronics	ULIS		Soitec
	X-FAB	X-FAB		ST Microelectronics

주: *는 코디네이터 기관
자료: 오태현(2021), KIEP

있다.

유럽의 3대 반도체 업체이며, 차량용 반도체와 전력반도체의 강자인 NXP는 주로 미국에서 사업을 하고 있어 유럽 공동협의체에서는 빠져 있는 것이 눈에 띈다. 각 국가들이 반도체 육성 분야로 꼽고 있는 최첨단 공정 관련 분야, 패키징 관련 분야가 빠져 있는 대신 실리콘 웨이퍼를 대체하기 위한 복합소재를 강조하는 것도 주목할 만하다.

일본의 반도체 육성은 유럽과 결을 달리한다. 산업기반이 다르기 때문에 다른 선택을 하는 당연한 결과이다. 일본의 반도체 정체성은 소재·장비에서 찾을 수 있다. 각각 글로벌 2위를 차지한다. 소재면 소재, 장비면 장비 분야에 특화된 다른 국가들과 달리 소재와 장비의 양쪽에 걸쳐 경쟁력을 가진 나라는 일본이 유일하다.

소재와 장비 중심의 반도체 가치사슬Value chain은 무슨 의미일까? 일본의 소재·장비에 대한 노력은 현재 미세가공 이상의 최첨단공정, 3D 패키징, 차세대 복합소재 등 세 마리 토끼를 잡는 방향으로 진행된다. 최첨단 공정용 소재·장비를 위한 컨소시엄은 일본 기업을 주축으로 외국계로는 인텔, TSMC가 참여하고 있다. 3D 패키징을 위한 소재·장비 개발에서는 TSMC와 일본의 20개 기업이 컨소시엄을 구성해 참여하고 있다. 차세대 복합소재로 주목받고 있는 SiC, GaN의 개발에도 노력하고 있다.

문제는 개발된 소재·장비를 테스트하기 위한 대형 Fab이 부족하다는 것이다. 일본의 반도체 부활을 위한 동반자로 TSMC에 공을 들이는 이유이기도 하다. 반도체 소재·장비는 한번 설치가 되면 같은 소재·장비를 다른 공장에서 지속해서 사용하는 특성을 갖고 있다. 초기에 시장을 선점하면 상당한 기간 동안 계속해서 그 시장을 독차지할 수 있다는 것이다. 일본 정부가 외국기업인 TSMC를 중심에 놓고 일본의 소재·장비

회사와 연결된 계획을 발표한 것은 처음이다. 그만큼 일본 정부가 급했다는 것을 반증한다.

사실 다른 국가와 비교하면 일본의 반도체 육성을 위한 정부지원은 산술적으로 미국의 1/10에 불과하다. 이에 따라 일본 내 예산지원에 대한 비판이 많이 제기되고 있다. 일본 내 반도체 분야에 대한 지원 분야와 금액이 늘어날 가능성이 높다. 가장 눈에 띄는 기업은 TSMC이다. TSMC는 위에서 언급한 3D 패키징에 주도적으로 참여하고 있다. 또한 SONY가 주도하는 CMOS 이미지센서 생산을 위한 공장을 일본 내 건설하기로 했다.

유럽과 일본이 뒤늦게 반도체 전쟁에 뛰어든 것은 더 많이 얻기 위해서보다는 더 이상 잃지 않기 위한 목적이 강하다. 미국과 중국의 움직임과 달리 유럽과 일본은 반도체 전 분야를 하려는 것이 아니라 자신들이 잘하는 분야를 더 잘하고자 하는 분명한 의지를 갖고 있다. 이런 노력에도 불구하고, 과거 반도체산업을 주도하다 기술혁신 경쟁에서 뒤진 유럽과 일본이 다시 부상할 가능성은 여전히 낮다.

미국과 중국의 노력에 더해 유럽과 일본의 움직임을 함께 봐야 하는 분명한 이유가 있다. 첫째, 유럽과 일본을 포함해야 미국과 중국의 반도체 전쟁의 복잡다양성을 이해할 수 있다는 것이다. 미국과 중국의 싸움에서 시작했지만 양국간의 싸움은 돌고 돌아 글로벌 반도체 시장 전체를 바꿔놓고 있기 때문이다. 미국과 중국이 서로 줄을 세우면서 나타나는 합종연횡은 또 한번 반도체 시장을 바꿔놓을 수 있을 것이다. 둘째, 미·중 갈등의 틈바구니에서 전략적 선택을 하는 유럽·일본의 모습을 보고 배울 수 있다는 점이다. 우리나라의 반면교사로 유럽과 일본의 움직임을 참조할 수 있는 가치가 충분하다.

'공급과잉'에 대한 우려가 높아지고 있다. 미국, 중국, 유럽, 일본의 야심 찬 계획이 실현된다면 단기적으로 너무 많은 반도체 생산시설이 늘게 된다는 걱정이 나오고 있다. 이에 대해 인텔의 팻 겔싱어 CEO는 Super cycle의 도래를 주장하고 있다. 그는 "세계는 점점 더 디지털화되고 있고 모든 디지털에는 반도체가 필요하다. 앞으로 10년간 반도체 산업에 좋은 시기가 이어질 것이다"라고 말하고 있다. 한마디로 Super cycle의 대변자이다.

Super cycle의 반대편에는 공급과잉Overcapacity이 자리한다. 많은 전문가들은 2~3년 뒤 지금과 같은 속도로 공장이 증설되면 수익성이 떨어지며 시장 전체에 구조조정의 회오리가 불 수 있다는 전망을 내놓고 있다. 그 시기는 현재 많은 회사들이 발표한 공장건설의 완공이 다가오는 2024년 전후로 보고 있다.

공급과잉이나 Super cycle 논쟁과는 별개로 대형 Fab이 많이 들어서면서 이에 필요한 소재·장비의 부족 가능성도 높아지고 있다. 대형 Fab의 신축계획에 발맞춰 소재·장비 회사의 생산시설 증설 뉴스가 나오지 않고 있기 때문이다. 게다가 자동차용 반도체의 Shortage에서 보듯 일시적으로 수요가 몰릴 경우 이에 필요한 공급이 제때 어려울 수 있는 상황이 발생할 수 있다.

미·중 갈등
시장은 다르게 화답하고 있다

반도체 강대국들의 Tech를 둔 정치게임은 각자의 위치에 따라 다른 평가가 따른다. 어떤 국가는 너무 손쉽게 이겼다고 으스대고 있고, 어떤 국가는 끝날 때까지 끝난 것이 아니라며 다음을 기약하고 있고, 어떤 국가는 먼발치서 불구경하면서 유불리를 따지기에 바쁘다.

정치게임에 대해 시장은 다르게 화답하고 있다. 정치의 논리가 시장의 물꼬를 억지로 다른 방향으로 바꾸려 했지만 결국 시장의 논리가 작동하고 있다. 중국 반도체 굴기의 상징인 SMIC. 미국이 그렇게 별렀지만 밀려드는 수요에 사상 최고 매출액을 연일 경신하고 있다. 중국시장의 반도체 수요가 폭발적으로 성장하는 반면 중국 내에서 이들이 필요한 반도체를 공급할 수 있는 거의 유일한 업체가 SMIC이기 때문이다. SMIC는 10nm 이하의 반도체 생산은 어렵지만 시장에서 가장 수요가 많이 몰리는 20nm 이상에서 충분한 경쟁력을 갖고 있다. 게다가 미국의 공세에 놀란 중국 정부는 SMIC 살리기에 올인하면서 SMIC에 우호적인 중국 내 여론도 일조했다. Buy China의 일환으로 중국 내 기업들은 중국 내 생산된 제품을 우선 구매하도록 하는 조치도 한몫했다.

다른 한편 미국의 상무부는 '21년 10월 SMIC에 420억 달러어치의 반도체 생산에 필요한 소재와 장비 수출을 허가했다고 밝혔다. 그동안 쉬쉬하던 내용을 공식적으로 밝힌 것이다. 이는 미국반도체협회의 미국 내 로비도 중요했지만 미국이 손해를 보면서까지 반도체 최대시장을 놓칠 수 없다는 현실론이 이긴 결과이다. 자동차용 반도체가 부족해지면서 시장의 요구에 부응한 조치의 일환으로 해석된다.

SMIC의 극적인 성장률 반전은 미·중 갈등의 속성을 잘 대변하고 있다. 코로나 팬데믹과 미국의 제재가 맞물려 SMIC은 2019년 매출이 줄어들면서 'SMIC은 끝났다'는 냉엄한 시장의 평가를 받았다. 그러나, 중국정부의 전방위 지원과 시장호황으로 극적인 반전의 드라마를 쓰며 최대 호황을 누리고 있다. 미국기업에 대한 매출 비중도 요란했던 싸움에 비해 생각보다 하락폭이 적게 나타나 '최악은 지났다'는 평가를 받고 있다. 미국과 중국 간에 지난 몇 년간 아무런 문제가 없었듯이 말이다.

🏛 **SMIC 공정별 매출액 비중('21년 4Q)**

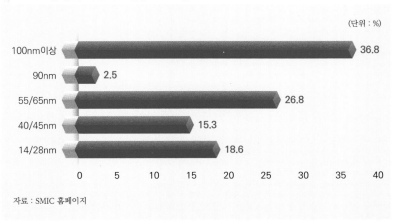

(단위 : %)

공정	비중
100nm이상	36.8
90nm	2.5
55/65nm	26.8
40/45nm	15.3
14/28nm	18.6

자료 : SMIC 홈페이지

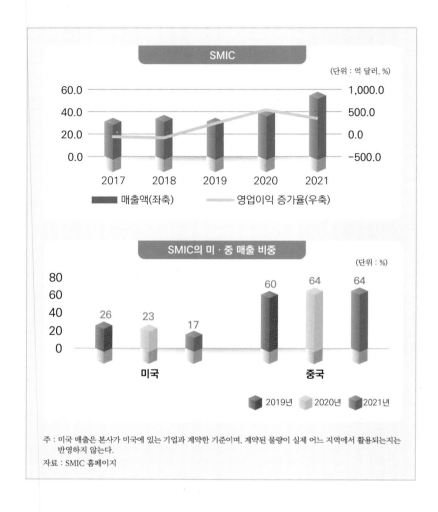

SMIC

(단위 : 억 달러, %)

- 매출액(좌축)
- 영업이익 증가율(우축)

SMIC의 미·중 매출 비중

(단위 : %)

미국

중국

2019년   2020년   2021년

주 : 미국 매출은 본사가 미국에 있는 기업과 계약한 기준이며, 계약된 물량이 실제 어느 지역에서 활용되는지는 반영하지 않는다.
자료 : SMIC 홈페이지

ASML은 또 다른 의미에서 승자이다. 중국에 EUV 장비 수출길이 막혀 고전했다. 그러나 DUV보다 수익성이 높은 EUV 쪽으로 빠르게 방향을 전환하면서 전화위복이 되고 있다. 더구나 반도체 첨단경쟁과 투자 붐이 일면서 갑자기 EUV에 대한 시장수요가 폭증하면서 내로라하는 반도체 생산기업들의 애간장을 녹이고 있다. 시장이 불안한 가운데서도 큰

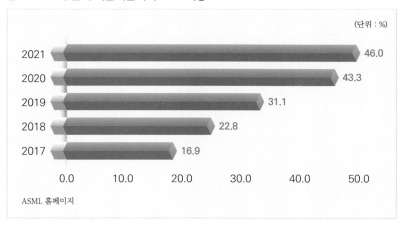

🔔 ASML의 전체 제품매출에서 EUV 비중

(단위 : %)

연도	값
2021	46.0
2020	43.3
2019	31.1
2018	22.8
2017	16.9

0.0   10.0   20.0   30.0   40.0   50.0

ASML 홈페이지

비용을 치르지 않고 상위 기술로 포트폴리오를 빠르게 바꿀 수 있는 황금과 같은 기회를 포착한 것이다. 실제 EUV 판매대수는 기하급수적으로 증가하고 있다. 2021년 EUV 판매대수는 2020년 판매대수31대보다 무려 11개나 많은 42대를 기록했다. EUV를 만들수록 매출이 급증하는 사업구조를 만들고 있다.

미·중 갈등의 희생양으로 거론되던 SMIC와 ASML. 미국이 정치게임에서 이겼을지 모르지만 시장의 힘은 정치게임을 넘어서고 있다는 현실을 보여줄 수 있는 좋은 사례가 될 것이다. 앞으로 미·중 갈등이 지속되며 반도체 시장이 흔들릴 수 있지만 시장의 눈으로 살펴보면 해법이 있음을 보여주고 있다. 그러나 명심할 것이 있다. 시장이 다시 균형을 찾아간다고 하더라도 미·중 갈등의 영향력을 무시해도 된다는 의미는 아니다. 미·중 갈등구조는 하루아침에 사라질 수 없기 때문이다. 미·중 갈등 뉴스는 아주 오랫동안 우리의 귓전을 괴롭힐 것이다.

미국의 다양한 노력도 중국의 반도체 확보에 대한 의지를 꺾어놓지 못하고 있다. 미국반도체협회에 따르면 중국은 2021년에 28개의 반도체 Fab을 지을 계획을 발표했다. 이는 2021년 중국을 제외한 글로벌 차원에서 발표한 신규 Fab의 2배에 이른다. 소재·장비회사에 엄청난 규모의 새로운 시장을 제공하는 것이다. 투자금액은 260억 달러에 이르며 주로 경제가 발달한 동부연해에 집중돼 있다. 주요 투자기업은 이름이 많이 알려진 SMIC 외에도 다양한 중소업체들이 포진해 있다. 반도체 전쟁에도 중국 특유의 인해전술이 적용되고 있다. 미국이 아무리 중국기업에 제재를 가하더라도 숨바꼭질하듯 다양한 군소업체들이 미국제재의 사각지대에 놓일 수 있음을 반증한다.

🔔 **2021년 중국기업의 신규 Fab 계획**

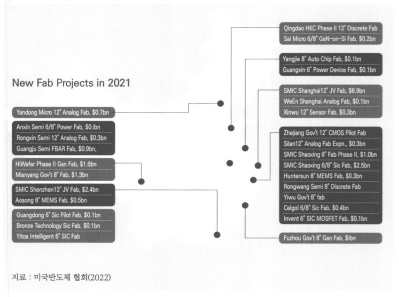

New Fab Projects in 2021

Qingdao HKC Phase II 12″ Discrete Fab
Sai Micro 6/8″ GaN-on-Si Fab, $0.2bn

Yangjie 8″ Auto Chip Fab, $0.1bn
Guangxin 6″ Power Device Fab, $0.1bn

SMIC Shanghai12″ JV Fab, $8.9bn
WeEn Shanghai Analog Fab, $0.1bn
Xinwu 12″ Sensor Fab, $0.3bn

Zhejiang Gov't 12″ CMOS Pilot Fab
Silan12″ Analog Fab Expn., $0.3bn
SMIC Shaoxing 8″ Fab Phase II, $1.0bn
SMIC Shaoxing 6/8″ Sic Fab, $2.5bn
Huntersun 8″ MEMS Fab, $0.3bn
Rongwang Semi 8″ Discrete Fab
Yiwu Gov't 8″ fab
Celgol 6/8″ Sic Fab, $0.4bn
Invent 6″ SIC MOSFET Fab, $0.1bn

Fuzhou Gov't 8″ Gan Fab, $Ibn

Yandong Micro 12″ Analog Fab, $0.7bn

Anxin Semi 6/8″ Power Fab, $0.ibn
Rongxin Semi 12″ Analog Fab, $0.3bn
Guangju Semi FBAR Fab, $0.9bn,

HiWafer Phase II Gan Fab, $1.6bn
Mianyang Gov't 8″ Fab, $1.3bn

SMIC Shenzhen12″ JV Fab, $2.4bn
Aosong 8″ MEMS Fab, $0.5bn

Guangdong 6″ Sic Pilot Fab, $0.1bn
Bronze Technology Sic Fab, $0.1bn
Yitoa Intelligent 6″ SIC Fab

지료 : 미국반도체 협회(2022)

진짜 승부는 지금부터, 책사 전쟁
: 제이크 설리반과 류허의 대결

전쟁터에서 책사들은 항상 주군 곁에서 전략적인 조언을 하고, 한순간에 승부를 뒤집는 재주를 부린다. 미·중 Tech 전쟁은 겉으로 보면 바이든 대통령과 시진핑 주석의 다툼으로 보인다. 실제로 따져보면 이들의 눈과 귀를 사로잡는 책사들 간의 '신의 한 수'가 판도를 바꾸기도 한다. 양국의 대표적인 책사는 제이크 설리반 백악관 국가안보보좌관과 류허 부총리이다. 당연히 전세계 언론들도 이들의 상품가치를 놓칠 리 없다. 그들의 일거수일투족은 항상 뉴스거리가 되고 있다.

예일대학 로스쿨 출신의 '외교 귀재' 제이크 설리반. 하버드대학 케네디 스쿨 출신이며, 시진핑 주석의 중학교 친구인 류허 부총리. 말하기 좋아하는 사람들은 이들의 다툼을 예일대학과 하버드대학의 진검승부로 설명하기도 한다. 40대와 50대의 세대대결로 보는 시각도 있다. 제이크 설리반은 오바마 행정부 시절 35세의 나이에 힐러리 클링턴 국무장관과 같이 일을 하며 두각을 드러냈다. 현재 미국의 외교·국방 정책을 담당하는 국가안전보장회의를 실질적으로 이끌고 있다. 그가 백악관이 주최

🔔 전면에 나서는 책사들 : 제이크 설리반 vs. 류허

한 2021년 4월 반도체 정상회의의 첫 주자로 나선 것도 이상하지 않다.

설리반의 주특기는 외교를 통한 고사작전이다. 상대방이 항복할 때까지 이중삼중으로 에워싸는 방법을 디자인하는 데 능하다. 실제 경제와 안보를 엮어 판을 만들어가는 모습으로 나타나고 있다. 중국을 배제한 공급망 복원 정상회의, 민주주의 정상회의의 밑그림은 그의 머리에서 나온 것으로 평가받고 있다.

미국에 제이크 설리반이 있다면 중국에는 '경제대통령' 류허가 있다. 원래 중국에서는 정치는 국가주석, 경제는 총리가 챙기는 불문율을 갖고 있다. 그런데 경제를 챙기게 되어 있는 리커창 총리의 등장 횟수가 확실히 줄어들고 있다. 그의 빈자리는 총리가 아닌 부총리가 대신하고 있다. 미·중 경쟁이 모든 이슈를 삼키는 상황에서 하버드대학 출신의 류허 부총리가 전면에 나서는 것도 나름대로의 이유가 되기도 한다. 류허 부총리는 캐서린 타이 상무부장관, 재닛 옐런 재무부 장관을 상대하며 중국의 국익을 지키는 최전선에서 1인 다역을 해내고 있다. 미국과 관련된 중국의 경제분야 대외업무를 관장하기 때문이다. 언론도 이를 놓칠세

🏛 류허 부총리가 인민일보에 기고한 글

류허 부총리는 "반드시 높은 수준의 발전을 실현하자"는 제목의 글을 중국 공산당 기관지인 인민일보에 게재했다. "과학기술의 발전은 단순히 발전의 문제가 아니라 생존의 문제"라는 소신발언을 하기도 했다.
자료 : 조선일보(2021)

라 양국간 무역전쟁 뉴스가 나오면 항상 류허 부총리를 집중조명한다. 미·중 기술경쟁의 틈바구니에서 중국의 기술혁신을 생존의 문제라고 소신발언을 하는 것도 류허 부총리이다. 중국의 수많은 경제이슈는 그의 손을 거쳐 최종 완성되는 것이다.

미국은 어디까지 밀어붙일 것인가?

책사들이 정책방향을 결정한다면 구체적인 한 방은 산업전문가들의 몫이다. 미국은 중국과 어떤 수준의 관계를 가져가려고 하는가? 이 질문에 대해 미국 의회산하 민관 합동자문기구인 AI 국가안보위원회National Security Commission on AI가 해답을 제시하고 있다. "중국을 막을 수 있

🏛 **AI 국가안보위원회 보고서의 표지**

2021년 3월에 발표된 AI 국가안보위원회 보고서는 위원장인 에릭 슈미트 전임 구글 회장이 주도적으로 작성했다. 2017년 1월 발표된 과학기술자문위원회의 보고서가 트럼프 대통령을 위한 보고서였다면 이 보고서는 바이든 행정부의 정책바이블로 통한다.

는 만큼 막아야 한다. 완전히 막기 어렵다면 2세대 앞선 기술 격차를 유지해야 한다." 구체적으로 중국의 가장 앞선 기술은 SMIC의 14nm이고 인텔은 10nm를 상용화했다. 그렇다면 명확하다. 중국의 기술을 현 수준에서 막고 미국이 계속 앞서가는 것이다.

미국의 장기적인 그림이 기술 격차 유지라고 하더라도 중국에 대한 규제는 쉽게 거둬들이기 어려울 것이다. 두더지 잡기식 게임을 계속할 가능성이 높다고 본다. 앞에서 설명한 것처럼 구멍이 숭숭한 그물을 계속 던질 것이다. 큰 놈만 잡고 새로 큰 놈이 나오면 또 잡는 방법이다. 한마디로 현재의 기술규제 수준을 유지하면서 적용 기업을 확대할 가능성이 높다고 본다. 현재의 기술규제에 해당되지만 이를 적용하지 않은 기업들이 많다. 벌써 YMTC, UNISOC 등 다음 후보로 거론되는 기업들이 미국의 언론과 정치권을 중심으로 거론되고 있다.

미국은 중국을 때리면서도 조심조심할 것이다. 때리면서 상대방이 녹

다운될까봐 노심초사하는 것이다. 구멍이 숭숭한 그물을 던진 것이나 시간을 두고 하나씩 하나씩 거래제한 기업을 늘리는 이유는 여기에서 찾을 수 있다. 구멍이 숭숭하다는 것은 모든 기업들을 잡을 생각이 없다는 것을 의미한다. 이러다가 중국 반도체 기업이 다 죽으면 그것도 걱정 거리가 되는 것이다. 시차를 두고 목표기업을 정하는 것은 중국기업이 얼마나 잘 견딜 수 있는지 테스트하는 것이기도 하다. 규제 효과를 확인 하고 한 발자국씩 규제기업을 확대하는 이유도 여기에 있다. 중국의 모 든 반도체 기업이 어려워진다는 것은 정치인들은 기뻐할 일이지만 그만 큼 미국 기업들도 손해를 감수해야 한다는 것이다. 국가를 운영하는 정 치인은 대의명분도 중요하지만 결국 경제성적표에 따라 민심의 평가를 받게 되는 것이다.

바세나르 협정을 활용한 중국 견제는 미국이 얼마든지 다양한 방식 으로 중국을 다룰 수 있음을 알려준다. 바이든 행정부는 동맹국과 같이 한다는 말을 수도 없이 반복하고 있다. 그러나 앞에서 살펴본 바세나르 협정은 강제성이 없다는 치명적인 약점을 갖고 있다. 글로벌 공급망 안 정화라는 큰 화두를 던지고 있는 마당에 강제 구속력을 가진 Next 바 세나르 협정과 같은 국제 규범이나 조직을 만들고 싶어 하는 동기는 충 분한 것이다.

이미 미국의 새로운 시도는 진행 중이다. 바이든 행정부는 글로벌 공 급망 회복을 위한 정상회의Summit on global supply chain resilience를 이미 가 동하고 있다. 이 정상회의에는 미국, EU 이외 미국과 마음이 통하는Like minded 14개 국가가 참여하고 있다. 같이하는 국가를 통칭하는 표현방법 이 창의적이다. 호주, 캐나다, 콩고, 독일, 인도, 인도네시아, 일본, 멕시코, 이탈리아, 한국, 네덜란드, 싱가포르, 스페인, 영국 등이 참여하고 있다. 2022년에는 블링컨 국무장관과 레이몬드 상무장관이 주관하는 실무회의를 계획하고 있다.

2021년 12월에는 또 다른 형태의 그림을 보여줬다. '민주주의 정상회의'Summit for Democracy. 미국이 주도하고 중국과 러시아를 배제한 110여 개 국가가 초대됐다. 특히 이 회의에 대만을 초대하면서 노골적으로 중국을 겨냥하고 있다. 미국이 민주주의 수호의 최전선에 나설 테니 모든 국가들은 미국을 따르라. 비단 민주주의뿐만 아니라 안보, 산업 등 모든 분야에서 미국을 중심으로 가자는 선언으로 해석된다.

여러 형태의 정상회의는 직접적으로 중국을 배제하는 모습으로 구현될 가능성이 높아진다. 미국은 이런 형태의 정상회의를 지속적으로 만들어낼 것이며 중국을 세계에서 고립화하려는 다른 형태와 다른 방식은 줄기차게 중국을 압박할 것이다.

🏛 **민주주의 정상회의의 화상회의 모습**

자료 : 연합뉴스(2021)

Next 전쟁터는 어디가 될 것인가?

현재 운영 중인 제도는 일어날 일을 다 예측해서 만들 수 없다. 그 공백은 리더십으로 채우는 것이다. 미국 내 정부부처의 의견을 조율하고, 반도체에 대한 글로벌 공조는 제도를 움직이는 리더십의 문제이다. 미국은 자체 규제와 글로벌 규제를 통해 중국의 반도체 디자인Huawei, 생산기술SMIC을 겨냥하고 있다. 그 결과는 미국에 유리하게 흘러가고 있다. 이게 다일까?

미국과 중국의 전쟁은 차기 주도권 싸움과 연결돼 있다. 경제적으로 중국이 미국을 추월할 것이라는 국제기관들의 전망이 잇따르고 있다. 최근 유럽, 일본의 저명기관들은 미국과 중국의 GDP가 2028년을 전후해서 역전될 것이라는 내용을 발표하고 있다. 그렇다면 차기의 그림이 완성되기까지 시간이 얼마 남지 않았다는 뜻이다. 최소한 2028년까지 양국은 정말 세기의 대결을 피할 수 없을 것이다. 한쪽이 쓰러져야 끝나는 게임이기 때문이다. 기술 가운데 반도체로 시작된 게임이지만 제2의, 제3의 반도체로 확전될 수 있는 구조를 만들어가고 있다.

더군다나 미국과 중국은 가고자 하는 분야가 중첩되고 있어 그 전투는 더욱 치열할 수밖에 없다. 미국과 중국은 미래 기술패권을 위해 나름의 기준으로 전략기술을 선정하고 이를 확보하기 위해 국가의 에너지를 쏟아붓고 있다. 이 가운데 인공지능, 양자컴퓨터Quantum, 반도체, 바이오, 뇌과학, 우주기술 등에서 지향점이 정확하게 일치한다. 이들 전략기술 분야는 반도체를 기반으로 발전한다는 공통점을 가지고 있다.

반도체로 좁혀 생각해보자. 모든 국가들이 대형 Fab 확보를 위한 현재의 경쟁에 뛰어들었다면 미래 분야는 미세공정, 패키징, 복합소재에서 발생할 가능성이 높다. 현재 기술로 구현이 가능한 미세공정은 거의 한

미국과 중국의 핵심 미래전략 기술

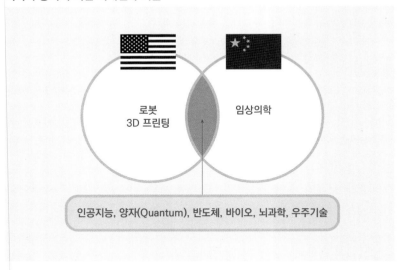

계점에 이르렀다. 그렇다면 두 가지 방향의 기술전쟁은 피할 수 없다.

첫째, 패키징이다. 원래 패키징은 생산된 칩을 보호하기 위해 뚜껑을 덮어씌우는 정도의 단순한 기술이었다. 그러나 전자기기의 기능이 다양해지면서 한 개의 전자기기에는 메모리, CPU, GPU 같은 다양한 반도체 칩이 들어간다. 반도체 생산기업들이 각각 제품은 따로 만들면 최종 사용자는 이를 따로 구입해 사용해왔다. 좁은 공간에 복잡하게 반도체 칩이 들어가다보니 전력소모가 많아지고 각각의 반도체 칩이 제 기능을 100% 발휘하지 못하는 상황이 발생한다. 이런 문제를 해결하기 위해 다양한 반도체 칩을 하나의 통합칩 형태로 운영하는 것이 가장 효율적이다. 새로운 패키징 기술이 필요한 이유는 여기서 찾을 수 있다. 특히 패키징은 기술적인 측면도 있지만 조립단계의 비용을 고려할 경우 중국과 같은 저임금 숙련 노동자가 많은 지역이 앞서갈 수 있는 조건을 가지고 있다.

둘째, 복합소재이다. 기존의 실리콘을 기반으로 한 소재는 높은 전압에 견디기 힘들고 반도체의 소형화에 어려움이 있어왔다. 실리콘을 대체하는 복합소재로 SiC탄화규소, Silicon Carvide, GaN질화갈륨, Galilum Nitride 같은 화합물 반도체Compound Semiconductor에 관심이 높아지고 있다. 향후 전기자동차, 재생에너지 등에서 이들 소재의 사용처가 확대될 가능성이 높아 각국의 치열한 경쟁을 예고하고 있다.

미국은 이들 분야에서 R&D를 통해 기술개발에 성공했지만 실제 이들을 적용해 생산할 파운드리 공장이 없어 힘들어하고 있다. 중국도 원천기술 확보차원에서 이들 복합소재를 주목하고 있다. 중국의 아킬레스건은 원천기술 없이 필요한 기술과 제품을 해외에서 들여오고 있다는 것이다. 미국의 중국 때리기 과정에서 '원천기술 확보'는 여전히 중국의 발걸음을 재촉하고 있다.

Chapter **2**

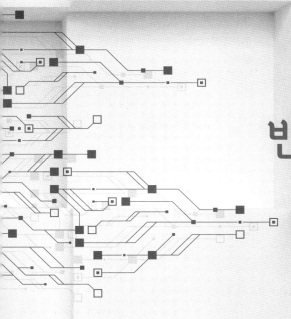

디지털 혁명은
반도체에서
시작된다

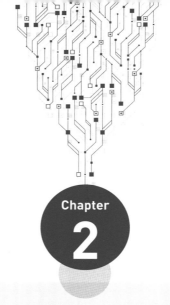

Chapter 2

디지털 혁명은 반도체에서 시작된다

- 시대를 앞서가는 혁신가들은 반도체 매니아

- 새로운 공간, 디지털 놀이터

- 디지털 혁신에서 새로운 100년 기업이 나온다

- 디지털 Move 1 : 산업 간 경계가 없어진다

- 디지털 Move 2 : 의료계에 디지털 열풍이 상륙하다

- 디지털 Move 3 : 취업시장마저 바꿔놓는다

- 디지털 Move 4 : 생산라인에서 사람들이 사라진다

- 디지털로 가는 길은 미로찾기

- 디지털은 반도체로 소통한다

시대를 앞서가는 혁신가들은
반도체 매니아

"테슬라의 시가총액이
하늘을 뚫고 우주까지 날아가고 있다"

테슬라 쇼크가 전세계 주식투자자들을 흥분시키고 있다. 2020년 연간 50만 대 생산한 기업이 유수한 자동차 회사를 뛰어넘는 묘기를 부리고 있다. 테슬라 시가총액이 글로벌 자동차 회사 10개의 시가총액 총계와 비슷한 상황이다. 테슬라의 시가총액이 1조 달러를 넘어서며 '천슬라'주당 1,000달러라는 애칭까지 받고 있다. 말도 안 된다는 평가부터 이제부터 시작이라는 말까지 다양한 말들이 쏟아진다. 말하기 좋아하는 사람들은 PDRPrice Dream Ratio이 가장 높은 회사라고 추켜세우고 있다. 테슬라의 주식에는 'Dream'의 가치가 포함돼 있다는 것이다.

그들의 논리는 이렇다. 테슬라는 단순히 자동차만 만드는 회사가 아니다. 전기를 직접 생산하고 탄소배출권까지 판매하는 에너지 기업이기도 하다. 실제 미국에서 환경규제가 엄격한 캘리포니아에서 GE나 포드 같

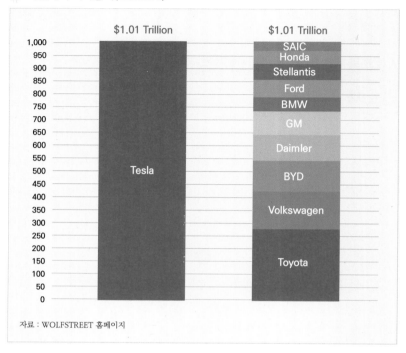

🔔 테슬라의 시가총액('21.10.15)

$1.01 Trillion 　　　　　　　 $1.01 Trillion

자료 : WOLFSTREET 홈페이지

은 내연기관 자동차를 생산하는 회사는 테슬라로부터 탄소배출권을 구매하고 있다. 테슬라는 단순히 움직이는 교통수단이 아니라 인류의 난제인 지구온난화를 줄일 수 있는 선도자로까지 생각을 확대할 수 있다. 그러나 과거의 셈법은 테슬라를 단순히 자동차 회사로 치부했기 때문에 그 꿈의 가치를 제대로 반영하지 못하고 있다는 것이다.

　주식을 투자할 때 처음 듣는 낯선 단어들이 많다. 대표적인 것으로 PER, PBR이 있다. PERPrice Earning Ratio은 주당 수익률인데 주가가 그 회사의 1주당 수익의 몇 배가 되는지를 나타낸다. PER이 낮을수록 저평가됐다는 말이다. PBRPrice Book-value Ratio은 주당 장부가치인데 주가가 그 회사의 1주당 장부가치의 몇 배가 되는지를 나타낸다. PBR이 1 이하이면 주가가 장부가치보다 낮다는 의미이다. PDR의 등장은 일반인들의 테슬라에 대한 경외적인 시선을 반영하는 말과 일맥상통한다.

테슬라의 특별함은 고객가치를 우선하는 접근방법에서도 찾아볼 수 있다. 테슬라의 CEO이며, 테슬라 최대의 대표상품인 일론 머스크. 그의 접근법은 테슬라가 할 수 있는 것에서 출발하는 것이 아니다. 고객이 원하는 것을 먼저 찾아내고 그런 고객들을 만족시키고, 나아가 이들을 테슬라가 그리는 무대로 이끄는 방식으로 접근한다. 기존의 기업과 확연히 다르다. 나를 기준으로 할 수 있는 범위를 설정하고 고객을 나의 범위로 끌어들이는 접근법은 기존의 방식이다. 나를 중심으로 고객을 보는 것이 아니라, 출발점을 고객으로 잡고 있다는 점에서 테슬라는 남다르다. 소비자들은 어떤 기업이 나를 더 위한다고 생각할까? 소비자들이 생각하는 그 순서대로 기업들의 순위가 정해지지 않을까.

천하의 테슬라를 이끌어가는 일론 머스크. 시대를 앞서가는 괴짜, 미래의 설계자로 평가받고 있다. 미래를 만들어가는 일론 머스크는 반도체 매니아이기도 하다. 그가 꿈꾸는 세상은 반도체 없이는 꿈으로 끝날 가능성이 높다. 반도체 없는 전기차는 비싼 고철덩어리에 불과하기 때문이다. 천하의 테슬라도 전기차를 구동하는 글로벌 네트워크가 불안해 전기차가 움직이지 못하는 일이 반복되고 있다. 글로벌 네트워크가 불안해지면서 자동차 문의 잠금장치를 열 수 없는 일이 발생한다. 글로벌 네트워크의 안정화를 원할수록 반도체의 가치는 높아진다. 그렇게 반도체는 시대의 혁신가들이 대놓고 구애하는 1등 상품이 되어가고 있다.

새로운 공간
디지털 놀이터

빅데이터Big Data, 인공지능AI, 메타버스Metaverse 삼총사가 디지털세계를 종횡무진하고 있다. 우리는 이들 삼총사가 제공하는 서비스에 열광하며 디지털의 편리성, 똑똑함, 확장성에 고개를 끄떡이고 있다.

최근 몇 년 동안 빅데이터, 인공지능이라는 단어가 미래혁신의 상징처럼 우리의 눈과 귀를 지배해왔다. 언론은 그 내용을 알리고 개인들은 혁신의 대열에 합류하기 위해 코딩까지 배우는 열성을 보이고 있다. 미래로 떠나는 열차에 한 자리라도 차지하기 위해 나름대로 주어진 영역에서 최선을 다하는 것이다. 최근 들어 메타버스가 빅데이터와 인공지능을 이어 새로운 혁신의 아이콘으로 떠오르고 있다. 사실 이는 우리가 빠른 혁신에 적응할 수 있도록 배려받은 느낌이다. 만약 메타버스, 인공지능, 빅데이터의 순서로 우리에게 다가왔다면 우리는 여전히 혁신의 늪에서 허우적거리고 있을지 모른다.

먼저 빅데이터이다. 우리가 인스타를 하고, 문자 메시지를 보내고, 온라인에서 물건을 사고, 스마트폰으로 위치 정보를 보낼 때마다 막대한 디지털 정보가 만들어진다. 이런 디지털 정보는 모두 어딘가에 저장되기 마련이다. 한 사람이 생각하고 소비하는 정보들이 기하급수적으로 늘어나는 구조이다. 한 사람이 10명과 연결되고, 10명이 100명과 연결될수록 데이터의 양은 감당하기 어려울 정도가 된다. 이런 데이터에서 의미 있는 내용을 찾아낼 수 있는 기업들은 성공에 한 발짝 다가서게 된다. 점(點)으로만 모여 있던 정보들을 꿰어서, 개인과 집단의 행동 패턴을 미리 읽어내는 기업이 시장을 지배한다는 얘기다.

디지털 시대에 수많은 데이터를 얻을 수 있는 것은 큰 복이다. 개인이나 회사의 정보를 인공지능이 학습하고 그 지능 수준이 사람과 근접하거나 추월하면서 인공지능에 대한 관심도가 높아졌다. 2016년 알파고와 이세돌의 세기적 바둑 대결 덕분에 우리의 관심은 인공지능으로 확 돌아섰다. 기계 앞에서 쩔쩔매는 사람의 모습은 충격 그 자체였다.

알파고의 신기에 가까운 바둑 두는 기술은 빅데이터가 있었기 때문에 가능했다. 바둑과 관련된 수많은 데이터를 익힌 인공지능은 한마디로 천하무적이었던 것이다. 데이터를 학습하는 기술이 발전하면서 인공지능의 영역은 빨리 분석하는 차원을 넘어서 날씨 같은 변덕스러운 내용을 예측하는 수준으로 발전하고 있다. 머지않아 경제전망의 주도권이 사람에서 인공지능으로 완전히 바뀔 수 있다는 생각에까지 이른다. 전망하는 데 변수가 많기 마련인데 많은 사람들이 어려워하고 있는 분야가 경제전망이기 때문이다. 소설과 같은 창의적인 영역에서도 AI 작가가 창작활동을 이어가는 시대로 빨리 옮겨가고 있다.

메타버스는 PC의 Web, Mobile의 App에 이은 새로운 공간의 탄생을 의미한다. 이론상으로 우리나라가 전세계에서 공간을 가장 넓게 보유한 국가가 될 수도 있다. 메타버스가 탄생하면서 우리의 생활 공간이 무한대로 늘고 있다. 우리가 생활하는 물리적 공간이 아닌 디지털세계

🔔 이세돌과 인공지능의 세기적 바둑 대결

인공지능은 공부를 많이 할수록 점차 똑똑해지고 있다. 바둑의 세계에서 인공지능인 '알파고'가 인간을 압도하고 바둑천재 이세돌은 괴로워하고 있다.
자료 : cyberoro.com

에 현실세계를 똑같이 구현하고 있다. 물리적 공간의 복제라는 의미에서 이를 '디지털 트윈'이라고 부르고 있다. 디지털 트윈이 현실의 복제품이 아니라 오리지널이 될 것이라는 전망도 나온다. 디지털 세상에 오리지널이 먼저 구축되고, 그걸 현실세계에 똑같은 형태로 복제할 날이 온다는 것이다. 우리가 현실세계인지 가상세계인지 구분하는 경계선이 모호해지는 날도 머지않은 것 같다.

메타버스에 탑승하기 위한 기업간의 경쟁도 치열해지고 있다. 페이스북Facebook은 회사 이름을 '메타'Meta로 바꿀 정도로 파격적인 변신을 하고 있다. 페이스북의 다양한 앱을 묶은 형태의 서비스를 할 예정이다. 마이크로소프트, 엔비디아 등 Big Tech 기업들도 메타버스에서 새로운 기회를 발견하고 있다. 마이크로소프트는 기존에 자사의 소프트웨어 파워를 기반으로 메타버스에서도 업무를 도와주는 Tool 위주로 사업을 준비하고 있다. 마이크로소프트의 사티아 나델라 CEO는 "모든 조직은 디지털과 물리적 공간을 통합하는 새로운 디지털 협업 구조를 필요로 한다"며 "앞으로 모든 비즈니스 프로세스는 데이터와 AI를 통해 협업하고 디지털과 물리적 세계를 연결하게 될 것"이라고 밝히기도 했다. 엔비디아는 그래픽카드칩의 강자를 기반으로 메타공간에서 이를 어떻게 잘 구현할지에 대한 고민을 하고 있다.

메타버스는 IT 관련 기업만의 전 유물이 아니다. 'Just do it' 광고로 유명한 나이키도 이 물결에 합류했다. 나이키는 가상세계에서 디지털 상품을 판매하는 스타트업 'RT-FKT'를 인수했다. 존 도나호 나이키 최고경영자는 "이번 인수는 나

'페이스북'이 'Meta'로 회사명 변경

페이스북은 회사명 변경을 통해 자사의 다양한 앱(인스타그램, 왓츠앱, 메신저)과 기술을 새로운 하나의 브랜드로 통합하고자 한다.
자료 : gadgetarq.com

이키의 디지털 전환에 속도를 내는 또 다른 조치"라며 기대감을 표시했다. 나이키는 이미 가상세계인 '나이키랜드'를 운영하고 있다. 고객들은 나이키랜드에서 각종 놀이를 즐기며 디지털 형태의 나이키 제품으로 자신의 캐릭터를 꾸밀 수 있다. 메타버스 플랫폼 구축은 IT에서 시작해 소비재 등 여러 업종으로 빠르게 확산되고 있다. 적과 아군을 구분할 시간도 없이 무한경쟁으로 내달리고 있다.

메타버스라는 가상공간에도 그 공간을 움직이는 사람이 빠질 수 없다. 어떤 공간이든 사람들이 있고, 이들이 만나고 서로 이야기를 나누고자 하는 기본적인 필요와 욕구라는 속성은 그대로 있기 때문이다. 2020년 12월 30일 우리에게 불현듯 나타난 '로지.' 영원한 22세의 나이의 AI 가상모델의 출현이다. 국내 최초 버추얼 인플루언서Virtual Influencer의 탄생이다. 로지는 생활 자체가 광고가 되면서 수많은 팔로워들을 끌어당

기고 있다. 앞으로 디지털 트윈에는 우리가 사는 세상과 마찬가지로 볼거리, 먹을거리, 즐길 거리 들이 우후죽순 등장할 것이다.

🔊 **AI 가상모델의 등장**

국내 최초 AI 가상모델 '로지'

우리의 일상에서 데이터가 축적되고, 인공지능이 어려운 문제를 풀어내고 해결방법까지 제시하고, 가상의 공간에서 세상의 모든 호사를 누리는 세상이 눈앞에 다가왔다. 디지털 삼총사는 반도체가 똑똑해지는 속도와 비례해서 발전한다. 특히, 정밀한 메타버스를 구현하기 위해서는 반도체가 뿌리와 같은 역할을 한다. 메타버스에서 우리는 눈에 보이는 콘텐츠, 게임 등을 먼저 떠올리지만 실제로 반도체가 있어 시차 없이 가상세계 환경을 구축할 수 있다. 메타버스라는 열매를 맺기 위해 메모리, 비메모리, 5G 같은 기술적인 발전이 뿌리가 되고 있다. 뿌리가 튼튼해야 가뭄에도 흔들리지 않는다고 하지 않는가?

자동차 운전에서 내비게이션은 필수장비이다. 내비게이션은 우리가 원하는 목적지까지 가는 데 도움을 주는 천리안 같은 존재이다. 이런 내비게이션도 순간적으로 통신신호가 잡히지 않아 위험한 상황에 처한 경험들이 있을 것이다. 신호의 끊김은 또 다른 재난으로 연결될 수 있다. 신호의 끊김이 없는 완벽한 Seamless 환경조성. 그 시차를 메우는 곳에서 반도체는 빛을 발한다. 또한, 메타버스 시장이 본격적으로 열리면 어마어마한 데이터 트랙픽이 발생해서 이를 처리하기 위한 데이터센터의 증설이 불가피하다. 보이지 않는 곳에서 조용히 디지털 세계를 지배하는 무림고수. 반도체의 또 다른 이름이다.

0과 1로 대표되는 디지털 세상. 디지털 세상이 열리면서 우리는 일상생활에서 혁명과 같은 변화와 함께 살고 있다. 일상적으로 접하는 휴대폰이 단순히 전화를 걸고 메시지를 보내는 것에서 그치지 않고 동영상을 만들고 공유하고 즐길 수 있게 된 것은 디지털이 가져다준 큰 선물이다. 나아가 휴대폰은 주식거래를 하고 각종 Pay를 통해 지불까지 가능하게 됐다. 디지털 세상은 단순한 숫자의 조합 이상의 의미를 가지게 된 것이다.

2016년 찰스 슈왑이 다보스포럼에서 4차 산업혁명을 언급하면서 새로운 산업혁명에 대한 이름표가 붙기 시작했다. 4차 산업혁명은 네 번째

🔔 메타버스와 관련된 비즈니스

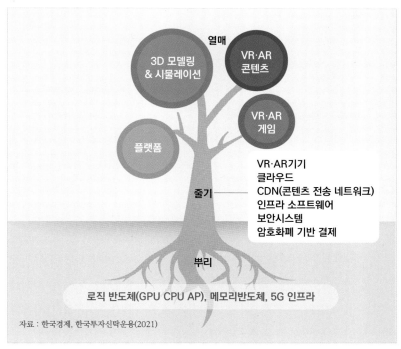

자료 : 한국경제, 한국투자신탁운용(2021)

산업혁명을 의미한다. 기존의 증기, 전기, 인터넷으로 대표되는 산업의 에너지와 다른 근본적인 특징이 있다. 기존에는 인간의 물리적 힘을 대신하는 기계와 장치들이 산업의 그림을 바꿨다. 4차 산업혁명 시대는 기계의 영역이 인간의 뇌를 대신하는 역할까지 확대된 것을 말한다. 인간보다 똑똑한 인공지능의 유행은 이를 단적으로 보여준다.

그런데 4차 산업혁명은 여전히 모호한 구석이 있다. 그 말은 알겠는데 나랑 어떻게 연결되어 있

🔔 다보스포럼에 처음 등장한 4차 산업혁명

'4차 산업혁명'이라는 용어는 2016년 1월 개최된 다보스포럼에서 공식적으로 사용되면서 빠르게 확산됐다.

는지 감이 잘 오지 않는다. 유행이 트렌드가 되기 위해서는 명확한 정의가 필요하고, 이를 기반으로 평가할 수 있어야 한다. 평가가 된다면 그 영향의 크기와 깊이를 수치로 보여줄 수 있을 것이다. 현재 평가작업이 어느 정도 끝나가고 있어 4차 산업혁명은 서서히 산업과 생활에 스며들기 시작한 단계로 보는 것이 맞다.

컨설팅 회사들이 4차 산업혁명을 평가하는 아이디어를 제공했다. 4차 산업혁명의 다른 이름으로 '디지털 전환'Digital Transformation이라는 이름을 붙인 것이다. '디지털 전환'이라는 이름표를 붙이면서 기업들은 본격적으로 새로운 물결로 받아들이면서 적응하고자 한다. 투자가 성과로 연결되는 평가잣대가 만들어지자 기업들이 움직일 공간이 생긴 것이다. 이는 선택의 문제가 아니라 생존의 문제로 직결되기 때문이다.

디지털 혁신에서
새로운 100년 기업이 나온다

디지털 전환이라는 단어도 입에 잘 붙지 않는다. 직역이 아니라 의역을 하면 '디지털 혁신'으로 설명할 수 있다. 많은 기업들이 이런 디지털 혁신을 받아들이면 어떤 일들이 일어날까? 물론 상상의 영역이다. 추정할만한 단초는 있다. 한국대기업의 순위와 상위에 랭크된 기업은 오랫동안 변하지 않고 그 명맥을 유지해왔다. 그런데 디지털 혁신이 본격적으로 시작되면서 기업의 순위가 요동치고 있다. 카카오, 네이버가 시가총액 상위로 치고 올라가면서 산업의 판도를 바꾸고 있다. 물론 창업의 역사가 오래되지 않은 기업이 디지털로 무장하고 새로운 Game Changer로 나올 가능성이 높다. 이들 기업들은 지금 하는 대로 하면 계속 규모를 성장시키면서 큰 기업으로 변모할 것이다. 반면 기존 산업에서 한국을 대표하던 기업들은 디지털 혁신이라는 큰 도전에 직면하고 있다.

사실 기업의 역사를 살펴보면 새로운 트렌드가 얼마나 많이 기업들을 바꿔놓는지 확인할 수 있다. 100년 이상 된 기업의 대명사로 미국의 GE가 있다. GE가 100년의 역사가 됐다면 이 기업은 그 당시 막 출범한 신생기업이었다. 현재의 네이버, 카카오와 마찬가지로 말이다. GE는 2차 산업혁명의 키워드인 전기를 활용해 이 분야 시장을 선도해왔다. 3차 산업혁명의 대표적인 기업은 인터넷 붐에 편승한 마이크로소프트이다. 1975년 빌 게이츠와 동료들이 만든 기업으로 인터넷이 보편화되면서 윈도우 시스템을 만들어 시장을 리딩해왔다.

GE와 마이크로소프트의 공통점은 그 시대의 흐름을 읽고, 빨리 적응하면서, 시장을 선도하게 된 것이다. 지금에 와서 생각하면 너무 당연한 이야기로 들리지만 당시 이들의 투자는 큰 모험을 동반하고 있었다. 새로운 트렌드가 생길 때 그것을 정확하게 읽어내고 적응하기는 쉽지 않다는 말이다. 많은 기업들이 이런 트렌드 속에서 자기의 영역을 만들지 못하고 사라진 경우도 비일비재하다.

기업들은 불확실성 시대에 디지털 혁신에서 새로운 전략적 옵션을 가지게 됐다. 대량의 데이터, 인공지능, 메타버스 같은 디지털 혁신의 도구들은 기업의 전략적 의사결정을 돕는 1급 참모의 역할을 할 것이다. 이들은 불확실성을 헤쳐가는 기업들의 든든한 동반자가 될 것이다.

디지털 혁신은 새로운 Winner와 Loser를 만들 것이다. 디지털로 무장한 신생기업의 부상과 기존 산업을 영위하던 기업간의 치열한 전투가 이미 시작됐다. 이런 싸움에서 제2의 GE, 마이크로소프트가 나오게 될 것이다. 디지털 쇼핑몰 '아마존', 디지털 오피스 'ZOOM'은 이미 디지털 혁명의 수혜를 받고 있는 기업이다. 물론 Rising Star가 있는 다른 편에는 디지털 혁신에 적응하지 못하고 소리 소문 없이 사라지는 기업들도 많아질 것이다.

산업 간 경계가 없어진다

스타벅스와 카카오뱅크를 보자. 스타벅스는 한국 커피계의 애플로 불리며 라이프스타일 혁명을 주도하고 있다. 조금 더 기업내부로 들어가보자. 스타벅스의 팬덤문화는 이미 더 이상 뉴스가 아니다. 스타벅스는 여름에 맞춰 영리하게 Goods 마케팅을 진행한다. 고객들이 스타벅스 마크가 선명한 키트를 들고 여름 해수욕장을 누비는 것도 이제 낯익은 모습이 됐다. Goods를 얻기 위해 새벽부터 스타벅스 매장 앞에 장사진을

전혀 다른 업종을 영위하는 스타벅스와 카카오뱅크가 경쟁상대로 만날 수 있다. 디지털 혁신이 가진 시장파괴적 속성을 잘 보여주고 있다.

치거나, 커피를 수십 잔 시키면서 Goods를 얻기 위한 포인트를 쌓는 새로운 풍경이 벌어지고 있다.

스타벅스의 팬덤문화는 선불카드 형태로 발전하고 있다. 고객들이 스타벅스 앱에 돈을 충전하고 원하는 시기에 소비하는 선불카드는 큰 성공을 거두고 있다. 이를 이용하는 고객들은 편리성을 취하고 스타벅스는 탄탄한 금융기반을 만들고 있는 것이다. 이렇게 해서 스타벅스에 쌓인 돈이 무려 1,800억 원을 넘어서고 있다.

스타벅스는 단순히 커피를 판매하는 기업이 아니다. 커피 판매와 금융을 결합한 새로운 기업의 탄생인 것이다. 스타벅스를 금융회사라 불러도 전혀 이상하지 않다. 이렇게 본업을 강화하기 위해 추가하는 분야가 늘어날수록 스타벅스는 어떤 기업이라는 이름표를 붙이기가 점점 어려워지고 있다.

카카오뱅크를 보자. 이 회사는 플랫폼 기업인가? 은행인가? 현재의 산업분류로는 카카오뱅크의 특징을 100% 담아내기 어렵다. 2021년 8월 6일 공모가 3만 9,000의 기업은 상장 첫날 코스피 시가총액 12위에 올라섰다. 신규 상장으로 카카오뱅크의 시가총액은 단숨에 금융 1위 주식이 된 것이다. 카카오뱅크를 플랫폼기업으로 보느냐 은행기업으로 보느냐에 따라 이 기업에 대한 평가는 달라질 것이다. 카카오뱅크라는 메기가 한국 시장을 흔들어놓고 있다.

은행은 없어져도 금융은 필요하다는 것을 잘 보여주는 사례들이다. 문제는 산업의 경계를 파괴하는 이런 형태의 기업이 우후죽순 증가할 수 있다는 것이다. 신생기업이든 기존 기업이든 연결로 상징되는 디지털 혁신은 가속화될 것이다. 자동차를 온라인으로 판매하는 것을 상상이나 해봤겠나. 우리나라 홈쇼핑에서 일부 이런 시도가 있었다. 그러나 2021년 '캐스퍼'라는 브랜드가 사실상 온라인으로만 판매되는 최초의 자동차가 됐다.

자동차가 온라인으로 판매된 이상 다시 과거로 돌아가기 힘들 것이다. 물론 이런 흐름을 불편해하는 사람들도 많이 있을 것이다. 고객들이 편리하다고 느낀 이상 과거의 방식은 지속가능하지 않다. 코로나19 팬데믹으로 비대면이 확대되면서 코로나가 끝나도 이전 시대의 생활로 돌아가기 힘들다는 이야기와 맥을 같이한다. 앞으로 우리 생활의 많은 영역에서 이런 디지털 혁신은 점차 빨라질 것이다.

롯데시네마와 현대자동차는 경쟁상대?

전혀 관계가 없는 기업들도 새로운 경쟁관계가 만들어지기도 한다. 영화와 자동차 회사가 같은 고객을 두고 경쟁한다. 롯데시네마는 가족이나 연인끼리 큰 화면을 보면서 영화를 즐기는 비즈니스를 갖고 있다. 현대자동차는 원하는 목적지까지 정확하고 빨리 가는 자동차 비즈니스를

LG전자가 선보인 미래형 전기자동차 내부. 자동차 뒷좌석의 유리가 스크린으로 바뀌면서 영화 등을 즐길 수 있다.
자료 : 조선일보(2020)

하고 있다. 자동차의 자율운전이 앞당겨지면서 새로운 경쟁구도가 만들어질 것이다. 운전에서 자유로워지는 운전자는 목적지까지 가는 시간 동안 영화감상 같은 오락거리를 찾을 가능성이 높아진다. 이는 영화를 볼 수 있는 롯데시네마와의 경쟁관계를 만들 수 있는 것이다. 롯데시네마와 현대자동차가 주말 황금시간대에 같은 고객을 놓고 한판 경쟁을 벌이는 시대가 도래한 것이다. 롯데시네마가 자동차를 만들고 현대자동차가 영화관을 운영하는 미래도 가능하다는 생각이다.

넷마블의 코웨이 인수

게임개발회사 넷마블. 정수기 등 구독경제 1위 업체 코웨이. 2019년 넷마블이 코웨이 인수를 선언했을 때 시장 반응은 생뚱맞다는 것이다.

🔔 넷마블과 코웨이

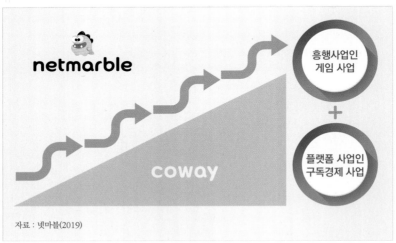

자료 : 넷마블(2019)

전혀 다른 성격의 기업이 어떻게 연결될지 호사가들의 입방아에 오르기도 했다. 넷마블은 '구독경제를 통한 스마트홈 서비스' 강화를 전면에 내세웠다. 다루는 내용은 게임, 정수기로 다르지만 구독경제라는 방식은 많은 공통점을 갖고 있다는 논리이다. 제품을 직접 구매하는 것이 아니라 일정 기간 임대해서 사용하는 코웨이의 사업모델. 이런 사업모델을 넷마블과 접목하면 1+1보다 큰 시너지를 낼 수 있다는 계산이다. 넷마블과 코웨이의 시너지가 아직 구체화되지 않았지만 세상은 이렇게 전혀 관련 없을 것으로 보이던 기업을 연결해가고 있다. 고객을 재정의하면 전혀 다른 제품이나 서비스에도 교집합을 찾을 수 있다는 것이다.

디지털 Move 2
의료계에 디지털 열풍이 상륙하다

AI 의사의 등장

인간의 생명을 다루는 의료계도 디지털 혁신을 피할 수 없다. 우리의 머릿속 의사의 이미지는 생명의 위급을 다투는 상황에서 끝까지 생명을 살리기 위해 사투를 벌이는 외과의사의 모습이 강하다. 이는 위급 상황이 발생한 뒤 어떻게 잘 대응하는지에 대한 이야기이다.

요즘처럼 노령인구가 급속도로 증가하는 시기에는 사전에 진단하고 예방하는 영역이 중요하게 여겨진다. 병실 부족으로 시달리는 우리나라의 현실에서 미래에 환자가 될 수 있는 사람들의 몸 상태를 정확하게 진단한다면 여러모로 많은 쓸모가 있다. 정확하게 진단하고 병이 진행되기 전에 적절한 치료가 이뤄진다면 국가적으로도 의료비용을 줄일 수 있는 좋은 대안이 될 수 있다.

실제 병원에서 까다롭게 생각하는 부분은 X-ray나 MRI 등 몸을 스캔한 이후 영상을 통해 이를 정확하게 판별하는 절차에서 발생한다. 이 단계에서 병목이 생기거나 정확한 판단이 수반되지 않으면 환자가 적절한 치료를 받을 기회를 놓칠 수 있다. 최근 많이 활용되는 AI 의사는 영상의 진단 단계에서 많은 활약을 하고 있다. 수많은 영상의 증상과 패턴을 학습한 AI가 많아지면서 진단단계의 많은 문제가 해결되었다는 소식을 자주 접하곤 한다. AI 의사의 등장에는 양면성이 있겠지만 사람 의사와 협업하면서 새로운 가능성을 보여주고 있다. 비단 진단 분야뿐만 아니라 다양한 분야에서 AI 의사의 활약이 기대된다. 의사와 AI가 공존하는 병원 풍경. 미래가 아니라 현재 벌어지는 혁신의 현장이다.

코로나19의 치료제나 백신 개발에도 AI의 힘은 무시하기 어렵다. 전세계가 코로나로 불안에 떨던 시기 놀랄만한 일이 벌어졌다. 코로나19 발발 후 1년도 안돼 백신이 나왔다는 것이다. 통상적으로 새로운 치료물질 발굴, 동물과 사람에 대한 임상시험 등 백신이 나오기까지 많은 시간이 필요하다. AI의 도움으로 백신에 필요한 물질을 찾아내자마자 백신 개발에 가속도가 붙었다. 후세의 사람들이 코로나19 시대를 평가할 때 AI를 일등공신으로 평가하지 않을까?

디지털 Move 3
취업시장마저 바꿔놓는다

취업시장에도 디지털의 역습이 이미 시작됐다. 그것도 절대로 바뀌지 않을 것이라고 여겨지던 금융권에서 말이다.

은행은 예금을 받고 적정 마진을 붙여 대출하는 것이 비즈니스 모델이다. 대출을 많이 하면 할수록 수익이 증가하는 구조이다. 물론 대출부실이 없다면 말이다. 따라서 우수고객을 유치하고 이를 관리하는 역할은 상경계 출신의 몫이었다. 그런데 최근 취업공고를 내고 있는 은행들은 공대 출신을 주로 뽑겠다고 나섰다. 소비자와 얼굴을 맞대고 하는 영업을 하는 은행지점들은 점차 줄어들고 있다.

무엇이 은행의 취업풍경을 이렇게 바꿔놓고 있는 걸까? AI, 빅데이터로 대표되는 디지털 혁신이 이들의 움직임을 강제하고 있다. IT로 무장한 네이버, 카카오가 야금야금 은행의 영역으로 들어오기 때문이다. 상품개발, 리스크 관리 등 모든 업무들이 데이터에 기반하고 있어 공대생 위주의 채용공고는 이제 시작에 불과할 것이다. 이는 생존의 문제이기 때문이다. 막연하게만 들리던 디지털혁신의 세계는 AI, 빅데이터 등의 쓰임새 확대와 맞물리면서 비로소 그 힘의 실체를 드러내고 있다.

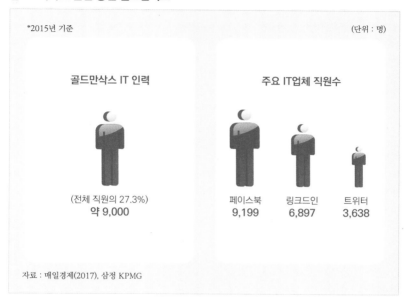

🔔 IT회사로 변신 중인 골드만삭스

*2015년 기준   (단위 : 명)

골드만삭스 IT 인력

(전체 직원의 27.3%)
약 9,000

주요 IT업체 직원수

페이스북	링크드인	트위터
9,199	6,897	3,638

자료 : 매일경제(2017), 삼정 KPMG

　세계 최대의 투자은행인 골드만 삭스Goldman Sachs를 보자. 세계 정상급 인재들이 글로벌 시장에서 투자할 대상을 찾기 위해 24시간 돌아가는 회사. 골드만 삭스는 디지털 혁신을 뒤쫓아가기보다 이를 선도하기 위해 노력한다. 골드만 삭스의 전체 인력 가운데 기술을 담당하는 IT 관련 인력은 전체의 25%를 넘어서고 있다. 웬만한 IT기업의 인력보다 많은 실정이다. 이를 기반으로 투자 리스크 평가, 기업공개 자동화 솔루션을 내놓고 있다. 심지어 스타트업과 협업해 운영의 효율성을 높이려는 시도를 끊임없이 하고 있다.

생산라인에서 사람들이 사라진다

생산현장에서는 이미 디지털 혁신이 상당히 진척돼 있다. 원가와 효율을 중시하는 공장에서 먼저 디지털 혁신의 가능성을 알아봤는지도 모르겠다.

스마트 공장Smart Factory이라는 말이 회자되고 있다. 디지털 혁신 이전의 많은 공장은 생산라인의 길이에 따라 경쟁력이 결정됐다. 대량생산체제에서는 생산라인이 길수록 많은 제품을 생산할 수 있기 때문이다. 그러나 요즘은 생산라인의 길이보다는 Web에 얼마나 잘 연결돼 있는지가 공장경쟁력의 바로미터이다. 생산라인을 따라 사람들이 빼곡히 서서 작업을 하는 모습은 과거형이다. 요즘 공장은 Web에 연결된 시스템을 통해 생산이 자동화되고 있다.

반도체 공장의 경우를 보자. 위쪽에 연결된 컨베이어 벨트가 부품과 제품을 나르고 있어 사람이 직접 손쓸 여지는 점차 줄어들고 있다. 공장 안에는 왁자지껄한 인기척보다는 컨베이어 벨트를 지나가는 약간의 소리만 윙윙 들릴 뿐이다. 그러다보니 축구 운동장만 한 크기의 공장 내부에는 소수의 인력만 있어도 공장은 정상 가동되는 시대에 와 있다. 같은

삼성전자 오스틴 공장

시간 사람들은 공장 내부가 아니라 모니터를 보면서 일을 하고 있다.

스마트 팩토리로의 전환은 반도체가 있어 가능하게 되고 있다. 생산 라인 곳곳에 센서를 붙이고 여기에서 나오는 정보를 종합하는 그림이다. 개인들이 일상생활에서 쏟아내는 정보량보다 공장 현장에서 나오는 정보량이 훨씬 많을지 모른다. 반도체 센서를 통해 나온 산업데이터는 기업의 경쟁력 자체로 연결된다. Web 기반의 스마트 팩토리가 발달하는 속도와 비례해서 생산현장에서 일하는 사람의 수도 줄어들게 될 것이다.

디지털로 가는 길은
미로찾기

우리나라는 디지털 혁신의 후발주자이다. AI 분야를 예로 들어보자. 이 분야의 4대 구루Guru는 요슈아 벤지오 몬트리올대학 교수, 제프리 힌튼 토론토대학 교수, 얀 러쿤 뉴욕대학 교수, 앤드류 응 스탠포드대학 교수를 꼽고 있다. AI는 이들 네 명의 천재를 만나 개화하고 이제 산업과 생활의 많은 영역에서 만개하고 있다.

공상소설에서나 나오는 것으로 치부되던 AI의 영역은 서서히 세상을 바꿔놓고 있다. 뒤늦게 많은 기업들이 한꺼번에 관심을 표하고 있지만 인력부족 문제를 호소하고 있다. 인력은 단시간에 육성·확보가 어렵다. 기업에서는 우선 필요한 인력을 국내외에서 자체 육성하겠지만 필요한 인력을 100% 확보하기 어렵다. 또한, 반도체에 필요한 많은 인력들은 카카오, 네이버 같은 플랫폼기업으로 쏠림현상이 심하다. 그렇게 많지도 않은 인재들을 놓고 반도체기업과 플랫폼기업이 총성 없는 전쟁을 치르고 있다.

이재용 삼성그룹 부회장이 2021년 첫 해외출장지로 토론토를 선택했다. 정확히 말하면 토론토에 있는 AI 센터를 방문한 것이다. 이재용 부회장은 출장지를 통해 메시지를 던지기로 유명하다. 왜 토론토인지 의아해 할 수 있다. 위에 언급된 AI 4대 구루를 자세히 보면 그 해답을 찾을 수 있다. 캐나다 동부지역인 몬트리올대학과 토론토대학이 눈에 띈다. AI 분야에서는 캐나다가 단연 빛나는 선두권이기 때문이다. 세계적인 AI 석학인 요슈아 벤지오 몬트리올대 교수도 현재 삼성의 AI 교수와 AI포럼 의장을 맡고 있다. 글로벌에서 캐나다의 AI Power가 그대로 삼성에 옮겨놓은 모습이다. 이들을 통해서 해외에서 필요한 인력을 확보하고 있다.

정부 차원에서 대학과 협력해서 인력을 육성해야 되는데 현실적으로 많은 어려움이 있다. 실례로 서울대학교에서 글로벌 시장에서 통하는 AI 전문가를 뽑으려 했지만 결국 실패했다. AI 인력이 워낙 공급이 부

🔔 **삼성전자 글로벌 AI센터 현황**

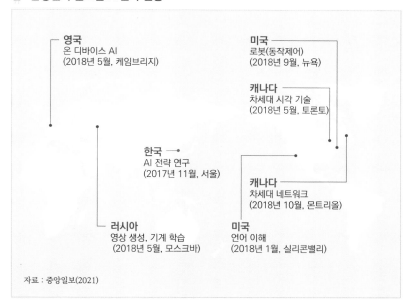

영국
온 디바이스 AI
(2018년 5월, 케임브리지)

미국
로봇(동작제어)
(2018년 9월, 뉴욕)

캐나다
차세대 시각 기술
(2018년 5월, 토론토)

한국
AI 전략 연구
(2017년 11월, 서울)

캐나다
차세대 네트워크
(2018년 10월, 몬트리올)

러시아
영상 생성, 기계 학습
(2018년 5월, 모스크바)

미국
언어 이해
(2018년 1월, 실리콘밸리)

자료 : 중앙일보(2021)

족해 몸값이 천정부지로 뛰고 있는데 대학교 차원에서 이를 연봉에 반영하기 어려운 게 현실이다. 현실적인 타협으로 기업 소속이면서 학생을 가르치는 겸직교수로 하나씩 문제를 풀어가고 있다. 세상은 Digital로 바뀌고 있는데 생각은 Analog에 머물고 있어, 이 사이에서 새로운 갈등이 생겨나고 있다.

기업 내부를 들여다봐도 뾰족한 해답을 찾기 힘들다. HIPPO_{Highest Paid Person's Opinion}이라는 용어가 있다. 급여가 가장 높은 사람들의 의사결정에 따라 기업을 운영하는 상황을 비유하는 말이다. 디지털 혁신이 시작되기 이전에는 산업현장에서 축적된 노하우가 의사결정의 밑천이 된다. CEO들의 의사결정을 많은 사람들이 따르는 이유도 여기에 있다. 그런데 CEO의 고민은 생각지도 못한 곳에서 생긴다. 의사결정을 못하겠다는 것이다. 기존 비즈니스는 얼마의 금액을 투자하면 언제까지 어떤 수준의 실적이 나올지 예상이 가능했는데 이 공식이 더 이상 통하지 않는다는 것이다. 많은 CEO들은 어떤 의사결정을 하는 것이 맞는지 그 해답을 찾고자 하지만 여전히 쉽지 않은 상황이다.

디지털 혁신에 대한 의사결정을 하든 잠시 결정을 미루고 지켜보든 누구나 디지털 혁신이 세상을 바꿀 것이라는 데는 동의한다. 기업이든 개인이든 말이다. 디지털 혁신이 어떤 시점을 지나면서 가속화된다면 이는 반도체 수요기반의 급격한 확대로 연결될 것이다. 디지털 혁신에 대한 각자의 견해는 다르지만 반도체가 있어야 디지털 혁신이 제대로 진행될 것이라는 점에는 모두가 동의하고 있다.

디지털은
반도체로 소통한다

세상이 디지털로 의사소통을 하면서 반도체는 그런 의사소통을 도와주는 핵심적인 요소이다. 다른 말로 하면 디지털 혁신으로 반도체의 쓰임새가 넓어지면서 반도체 자체의 수요기반이 기하급수적으로 확대됨을 의미한다.

🏭 반도체 수요 전망

분야	2020년 시장 (10억 달러)	2025년 시장 (10억 달러)	2020~2025 연평균 성장률
스마트폰	116	162	7.0%
개인컴퓨터	100	121	3.9%
생활 가전	48	74	8.8%
자동차	39	82	16.3%
산업용 데이터	50	82	10.5%
유·무선 인프라	38	53	7.0%
데이터처리(서버, 데이터센터)	76	119	9.2%
합계	466	693	8.2%

자료 : Annual report(2021), ASML

최첨단 반도체생산에 필수장비 EUV를 생산하는 ASML. 그 기업이 바라보는 반도체 시장은 참고할만한 가치가 있다. ASML은 어떤 분야가 유망하다고 보고 있을까? ASML에 따르면 2025년까지 시장규모는 스마트폰이 가장 크겠지만, 성장률 차원에서는 연평균 10% 이상 시장규모가 커지는 자동차와 산업용 데이터 분야를 주목해야 한다고 주장한다.

향후 성장률이 가장 높을 것으로 전망되는 자동차를 예로 들어보자. 엔진을 기반으로 운행되는 내연기관 자동차. 이 속에는 평균적으로 200개의 반도체가 사용되는 것으로 알려져 있다. 안전, 주행을 위한 장치가 점차 자동화되면서 생긴 현상이다. 전기자동차에는 반도체가 얼마나 필요할까? 내연기관 자동차의 10배인 2,000개의 반도체가 필요하다. 여기에 더해 자율운행 자동차가 나오면 최소 4,000개의 반도체가 필요하다는 게 중론이다.

반도체 공장들이 자동차 강국에 집중되는 현상은 '전기자동차 = 반도체' 관계를 단적으로 설명한다. 최근 글로벌 반도체 회사들이 선호하는

🏭 **자동차 강국에 공장을 짓는 반도체 회사들**

반도체 공장 건설 지역	반도체 회사
● 일본	TSMC(대만 · 2024년 완공)
독일	TSMC(협상 중)
	글로벌파운드리(미국)
	인텔(미국 · 검토 중)
	보쉬(독일 · 6월 완공)
미국	삼성전자(한국 · 2024년 완공)
	TSMC(2024년 완공)
이탈리아	인텔(협상 중)

자료 : 중앙일보(2021)

입지는 일본, 독일, 미국, 이탈리아 등 대형 자동차 회사들이 밀집한 지역의 분포와 정확히 일치한다. 자동차 생산강국 근처에 첨단 반도체 공장이 속속 들어서면 전기자동차로의 전환이 더 빨리 진행될 수 있을 것이다. 수요가 공급을 만들고, 다시 공급이 수요를 만드는 선순환이 펼쳐질 수 있는 것이다.

요즘 주목받는 인공지능의 확대도 주목할만하다. 4차 산업혁명은 인간의 물리적 힘보다는 지능을 대신하는 인공지능의 확대와 연결된다. 원리는 이렇다. 우리가 집에서 생활하거나 집을 나가서 교통편을 사용해 이동하는 모든 내용은 디지털로 저장할 수 있다. 이른바 빅 데이터의 시대이다. 사람의 생각과 행동패턴을 데이터로 만들면서 데이터 양이 천문학적으로 증가한다. 몇 Giga를 이야기하던 것이 얼마 안됐는데 지금 벌써 Tera를 이야기 할 정도이다. 데이터가 늘어날수록 데이터 용량에 대한 새로운 용어들이 나올 수밖에 없는 구조이다.

8bit의 용량을 1B라고 표현하고 1024B는 1KB라고 표기하며 '키로바이트'라고 한다. 1024KB의 경우는 1MB라고 표기하며 '메가'라고 부른다. 다시 1024MB는 1GB 흔히 '기가'라고 부르는 기가바이트가 된다. 또다시 1,024GB는 1TB, 즉 테라바이트가 된다. 그렇다면 1,024TB는? 저장용량을 단순화하면 다음과 같다.

8bit = 1B < 1,024B = 1KB < 1,024KB = 1MB < 1,024MB = 1GB < 1,024GB = 1TB

데이터 양이 많아져 빅 데이터가 되면 이를 분석하기 위한 Tool도 대용량을 처리하기 위해 고성능이 필요하다. 다시 말하면 데이터를 모으

고 분석하는 데 사람이 일일이
수작업으로 계산할 수 없으니
인공지능을 활용하여 분석한다.
이런 인공지능이 제대로 작동하
기 위해서는 반도체가 필요한
것이다. 한마디로 반도체가 없
으면 미래 첨단분야로 여겨지는
거의 전 영역에서 기술발전을
이끌어가기 힘든 현실이다.

중국이 데이터에 기반한 인공
지능에 앞서간다는 분석이 쏟
아지고 있다. 중국의 14억 인구
가 만들어내는 빅 데이터에 기
반하는 것으로 알려졌다. 그런
중국이기에 이를 제대로 하기
위해 반도체를 눈여겨보고 있
는 것이다. 중국이 반도체를 원

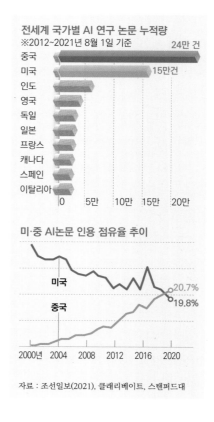

자료 : 조선일보(2021), 클래리베이트, 스탠퍼드대

하는 만큼 가질 수 없다면 상당 부분 다른 나라에 의존해야 한다는 말
이다. 이는 중국의 미래를 다른 나라에 담보하고 있는 이상한 모습으로
나타날 수 있다. 한국, 미국, 유럽, 일본 등 다른 나라도 마찬가지다. 앞으
로 세상은 반도체를 가진 국가와 그렇지 못한 국가로 이분화될 것이다.
반도체는 국력을 상징하는 또 하나의 강력한 무기가 될 것이다.

반도체 전쟁, Winner의 조건

Chapter **3**

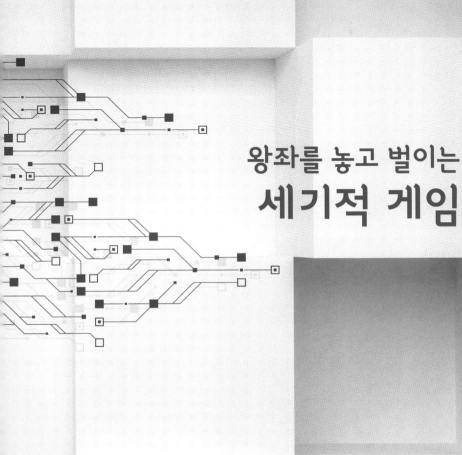

왕좌를 놓고 벌이는
세기적 게임

왕좌를 놓고 벌이는 세기적 게임

- 불확실성과 혼전 : How to play

- 반도체 왕조재건에 나선 Intel

- 1호 파운드리 기업 TSMC

- 반도체 1위 기업 삼성전자

- '반도체의 두뇌'를 설계하는 ARM

- ASML이 없으면 첨단 반도체는 없다

- 불확실성과 혼전 : Where to play

미·중 반도체 갈등과 디지털 혁신에 따라 반도체 시장이 많이 흔들리고 있다. 기업들은 이런 경영환경 변화를 정확히 해석해야 하는 또 다른 숙제를 안게 됐다. 미래를 대비하고 치열한 고민을 먼저 한 기업들은 Big Jump의 기회를 얻을 수 있을 것이다. 대비가 부족한 기업들은 어려움에 처할 수 있다. 세상은 그렇게 모두에게 공평하지 않다.

　이 글에서는 디지털 혁신이 아니라 미·중 반도체 갈등이라는 맥락에서 기업이 어떻게 움직이는지 살펴보고자 한다. 디지털 혁신은 큰 트렌드이기 때문에 디지털 혁신을 빼놓고 기업의 전략을 짤 수는 없다. 이미 많은 기업들이 디지털 혁신을 전제로 사업을 전개하고 있기도 하다. 미·중 반도체 갈등은 위기와 기회를 동시에 내포하고 있지만 상황이 계속 바뀌고 있다. 기업마다 대응하는 방법이 다르게 나타날 수 있는 구조이다. 과거의 경험치도 정확한 판단과 의사결정에 별 도움이 못되고 있다.

불확실성과 혼전
How to play

"미국이 하고자 하는 것은 알겠는데
뭘 못 하게 하고 있는지 헷갈려요"

반도체 업종에 종사하는 전문가의 솔직한 소감이다.

그렇다. 미국은 중국을 잡기 위한 큰 그물을 던졌는데 그물에는 구멍이 숭숭하다. 의도된 설정이 아닐까? 일단 못 하게 하면 많은 기업들이 불안해서 멈칫하게 되어 있다. 비즈니스에서 가장 피하고 싶은 것이 불확실성이다. 미국의 본심을 파악하기까지는 말이다.

다시 미국의 규제를 보자. 어라, 기업들이 막힌 수출을 재개하고 있네. 이들이 어떻게 그 구멍을 찾았는지 벤치마킹하면 길이 있겠는데. 미국의 Redline만 지키면 된다는 거잖아.

Sony가 대표적이다. 원래 Sony는 Huawei에 대한 매출 비중이 29%로 상당히 높았다. 그런데 Sony의 Huawei 수출재개 소식이 들렸다.

Sony는 이미지센서 시장에서 40% 이상을 점유하는 기업이다. 핵심은 Sony가 정교한 논리로 미국 정부를 설득했다는 것이다. 논리는 이렇다. Sony가 Huawei에 납품하는 이미지센서 제품은 Huawei의 핸드폰에 특화된 제품이라 다른 용도로 사용이 불가능하다. 따라서 미국이 우려하듯 중국인의 인권감시 시스템에 사용된 Huawei 제품에는 Sony 제품이 사용되지 않았다.

미국이 직접적으로 규제하지 않는 분야에는 여전히 기회의 문이 열려있다고 판단하는 기업도 있다. 차량용과 전력용 반도체의 강자인 Infineon. 중국에 차량용 반도체 후공정 공장을 증설하며 중국 내 전기차 기업을 미중 갈등의 와중에 적극 공략하고 있다. 세계 1위의 전기차 시장을 갖고 있는 중국시장을 놓칠 수 없다는 것이다.

규제의 영역과 다르게 각 국가들이 엄청난 보조금을 살포하면서 반도체 전체의 판이 커지고 있다. 반도체 투자 붐이 일면서 이곳저곳에서 오라는 곳이 많아 즐거운 고민을 하는 기업들도 많다. 파운드리 업체들과 소재·장비 회사들이 대표적이다.

미·중 갈등이 장기화되면서 중국의 기술수준이 빠르게 성장할 것이라는 우려가 있는 것도 사실이다. 전세계 자동차·전력반도체 1위 기업인 인피니언Infineon. CEO인 Reinhard Ploss는 "현재의 미·중 갈등은 중국이 아주 중요하게Very significantly 기술개발을 가속화하도록 부추기게 될 것이다. 미국보다 중국의 반도체에 대한 의지가 높기 때문이다"라고 말하고 있다. 첨단장비인 EUV를 독점생산하고 있는 ASML. CEO인 Peter Wennink는 "중국에 대한 기술규제는 중국의 기술독립을 앞당기게 되면서 결국 우리의 시장을 잃게 될 것이다"라고 걱정하고 있다.

반도체 세상을 호령하는 5형제를 다루고자 한다. 규제와 투자 붐이 동시에 진행되는 가운데 이들의 걱정과 희망사항을 살펴보고자 한다.

초대된 기업은 인텔, TSMC, 삼성전자, ARM, ASML이다. 앞에서 반도체를 가치사슬 차원에서 생산, 설계, 소재·장비의 세 부분으로 나눈 바 있다. 반도체 생산공장을 운영하는 3개 기업은 Intel, TSMC, 삼성전자이다. 설계의 절대강자는 ARM이다. 소재·장비의 대표적 기업은 ASML이다. 생산을 담당하는 3개 기업과 달리 나머지 두 회사는 많이 알려지는 않았다. 이 2개 기업을 같이 넣고 생각해야 반도체에 대한 종합적인 그림을 완성할 수 있다.

먼저 반도체 생산의 대표기업들을 살펴보자. Intel은 반도체 원조라는 자부심으로 반도체 왕국 재건을 위한 파격적인 행보를 보이고 있다. TSMC는 수익률이 낮아 많은 기업들이 관심을 두지 않던 위탁생산에서 영업이익률을 높이고 절대 강자의 자리를 차지하고 있다. 삼성전자는 글로벌 메모리 1위 사업자이면서 파운드리까지 영역을 넓히는 반도체 1위 기업이다.

이들 3개 기업의 전쟁은 '반도체 Nano 전쟁'으로 요약할 수 있다. '나노'는 10억 분의 1미터를 의미한다. 3개 회사의 기술 로드맵을 분석하면, 2025년까지 2nm 경쟁으로 가겠다는 것이다. 앞으로 3~4년 안에 파운드리 분야의 최종승부의 윤곽이 드러날 수 있다는 것이다. 반도체 생산에서 왕좌를 노리는 3개 기업부터 살펴보자.

반도체 왕조재건에 나선
Intel

"Intel이 돌아왔다"

2021년 1월 15일. 인텔 이사회는 차기 CEO로 팻 겔싱어를 임명했다. 팻 겔싱어에게 내려진 임무는 반도체 왕조의 부활이다. 바이든 대통령이 취임하기 5일 전의 일이다. 바이든 대통령과 겔싱어는 반도체라는 같은 배를 타게 됐음을 상징한다. 바이든-겔싱어 조합은 글로벌 반도체 시장을 흔들어놓는 빅 카드가 될 것임을 예고한 것이다. 인텔은 메모리 반도체의 대명사인 DRAM을 개발한 회사이기도 하다. 잘 짜인 각본처럼 인텔이 잘나가던 그 전성기로 복귀하기 위한 열차가 출발했다.

팻 겔싱어는 인텔이 설립된 지 10년 뒤인 1979년 인텔에서 사회생활을 시작했다. 정통 엔지니어출신으로 인텔의 1호 최고기술책임자Chief

Technology Officer를 역임하기도 했다. 인텔의 푸른 피를 물려받은 정통 Intel Man인 것이다. 인텔이 그를 CEO로 임명한 것은 명확하다. 인텔의 부침을 30여 년간 겪은 정통 인텔맨에게 기술의 인텔 부활의 중책을 맡긴 것이다.

팻 겔싱어의 일성은 반도체 위탁생산에 재도전한다는 것이다. 인텔은 10nm 기술장벽을 넘지 못하고 2018년 파운드리 사업을 철수한 바 있다. 미국이 반도체 제품 부족으로 어려움에 직면하자 미국 정부의 기대에 부응이라도 하듯 공격적으로 두 개의 공장을 미국에 짓겠다는 발표를 한다. 애리조나에 200억 달러를 투자하는 프로젝트는 2021년 9월부터 본격적으로 공사에 착공했다. 누이 좋고 매부 좋은 아름다운 조합의 시작을 알렸다. 이에 앞서 2020년 10월 NAND 플래시 사업부를 SK하이닉스에 90억 달러에 매각한다는 사실을 알려 업계를 놀라게 하기도

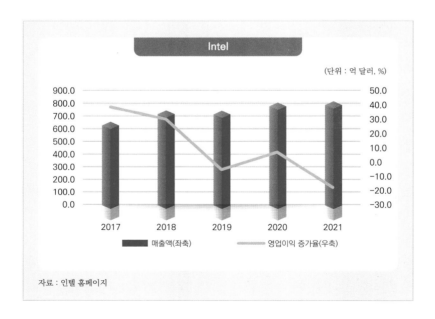

자료 : 인텔 홈페이지

했다.

팻 겔싱어는 미국 내 여론을 움직이는 데도 많은 노력을 동시에 하고 있다. 반도체 10년 Super cycle을 공공연히 밝히며 반도체 생산시설 투자의 명분을 만들고 있는 것이다.

인텔의 파운드리 공장 투자는 미국의 반도체 생산시설 보조금을 겨냥한 측면이 강하다. 미국 의회는 520억 달러의 예산을 투자해 반도체 생산을 포함한 관련 분야 투자에 지원하기로 했다. 인텔은 미국의 보조금 관련 애국주의를 내세워 외국기업에 보조금이 지원되는 것에 반대하는 선봉에 서 있기도 하다. 삼성전자와 TSMC의 미국 투자를 견제하기 위한 전략적 행보로 읽힌다.

인텔의 행보는 미국 내뿐만 아니라 유럽에서도 이어진다. 각 국가들이 경쟁적으로 반도체 생산시설 투자에 대한 보조금을 늘리고 있어 우호적인 사업환경을 십분 활용하겠다는 생각이다. 팻 겔싱어는 2021년 9월 독일에서 개최된 자동차 박람회에서 향후 10년간 유럽에서 950억 달러800억 유로를 투자하겠다고 밝혔다. 유럽의 디지털 미래를 끌어가겠다는 공격적인 선언과 다름없다. 유럽에서 파운드리 경쟁업체인 삼성전자와 TSMC의 현지 공장이 없는 점을 노린 과감한 승부수를 띄웠다.

인텔이 미국과 유럽에서 반도체 생산의 우위를 이어가겠다는 선언에는 치명적인 단점이 있다. 현재 인텔의 기술수준은 10nm의 벽 앞에 머물러 있다. 삼성전자와 TSMC는 이미 5nm를 상용화하고 있다. 인텔의 대답은 이렇다. 2021년 7월 새로운 기술 Roadmap을 발표했다. 2025년까지 미세공정 수준을 1.8nm까지 가겠다는 야심찬 계획이다. 세계 파운드리 시장 1위인 대만 TSMC와 2위인 삼성전자는 2022년 3나노 공정 제품 양산을 목표로 하고 있다.

반도체 원조의 자존심 : 내가 없었으면 반도체는 없었다

반도체의 역사는 인텔을 빼놓고 이야기하기 어렵다. 오늘의 인텔이 있게 한 원동력은 업계의 표준을 만들며 시장을 만든 기술의 인텔에서 시작됐다. 1992년부터 2018년까지 27년간 인텔이 업계 넘버 1을 장악한 원동력은 기술에 있는 것이다.

인텔은 1968년 7월 18일, 화학자 고든 무어Gordon Moore와 물리학자이자 집적 회로의 공동 발명가인 로버트 노이스Robert Noyce가 캘리포니아에 설립했다. 초기 공동창업자인 무어는 반도체 업계의 전설로 통하는 '무어의 법칙'을 만든 장본인이다. 무어의 법칙은 새롭게 개발되는 메모리 칩의 능력이 18~24개월에 약 2배가 된다는 기술 개발 속도에 관한 법칙이다. 이를 기반으로 오늘날 메모리 반도체의 대명사로 통하는 DRAM을 만들기에 이른다.

인텔은 1990년대 두 가지 사건으로 세상에 알려졌다. Intel Insider, 윈텔Window-Intel 동맹이다. 기업이나 학교가 아니라 개인용 컴퓨터PC 시장이 폭발적으로 성장하면서 PC의 두뇌인 CPU 수요가 폭발했다. 먼저 Intel Insider 마케팅 전략이다. 소비재가 아닌 기업간 거래B2B에 치중하던 인텔을 소비자에게 각인시킨 사건은 바로 이 전략 때문이다. 데스크탑, 노트북의 모든 제품에 인텔의 CPU가 들어간다는 단순하고 강력한 메시지다. 그 당시 인기를 끌던 HP, Compaq 등 모든 컴퓨터의 눈에 띄는 자리에는 'Intel Insider' 로고가 부착됐다. 브랜드를 가리지 않고 팔리는 거의 모든 컴퓨터에 인텔 CPU가 공급된 것이다.

윈텔동맹은 독점적인 지위를 바탕으로 시장을 좌지우지 했다. 마이크로소프트는 윈도우 운영체제를 내세웠지만 이를 구동할 CPU가 절실했다. 인텔은 안정적인 공급망 확보가 필요했다. 상호 필요성에 의해 시작된 결합은 시장을 독점하면서 타 기업들의 비판의 대상이 되기도 했다.

그러나 달이 차면 언젠가는 기우는 법. 시장이 컴퓨터에서 휴대폰을 이용한 모바일 시장으로 전환하는 과정에서 인텔은 주도권을 잃게 된다. 2020년 기준 인텔은 개인용 컴퓨터 CPU 시장에서 여전히 78%라는 절대적인 시장점유율을 갖고 있다. 그러나 모바일 CPU에서는 퀄컴 29%, 삼성전자 13%, 애플 13%의 존재감에 비해 인텔은 명함조차 내밀지 못하고 있다. 특히, 가장 큰 고객이었던 애플이 2020년 독자개발한 반도체 칩을 내놓으면서 인텔의 시대가 점차 저물어갔다. 인텔이 애플에 판매하는 매출이 전체에서 2~4%에 불과하지만 말이다.

인텔은 반도체의 원조이면서 Intel Insider로 우리에게 강렬한 이미지를 갖고 있는 기업이다. Intel의 새로운 질주가 시작됐다. 질주의 끝은 시장이 판단할 것이다. 재미있는 관전포인트가 될 것이다. 인텔이 파운드리에 올인하고 있어 삼성전자, TSMC와 어떤 경쟁구도를 만들어갈지가 향후 반도체 시장을 지켜보는 바로미터가 될 것이다.

1호 파운드리 기업
TSMC

"우리나라에 오면 모든 걸 다 지원해줄 테니
몸만 오면 된다"

각 국가에서 기업 하나를 유치하기 위
해 러브콜이 쇄도한다. 업계 내 알만한 사
람들만 알고 있는 기업 TSMC 이야기이다.
TSMC가 나타나기 이전에는 하나의 기업이
설계와 생산을 같이해왔다. 한마디로 TSMC
는 반도체 파운드리 영역을 개척한 파운드리 1호 기업이다. 시장을 만들
었다는 것은 이 기업이 이 분야에서 독점하고 있다는 의미가 된다. 글로
벌 파운드리 시장의 60% 정도를 차지하는 수치에서도 확인된다. 애플,
엔비디아 등 내로라하는 글로벌 기업들이 목메고 있는 기업이기도 하다.
TSMC CEO는 각 국가와 기업들이 가장 만나고 싶어하는 기업이 됐다.

왜 이런 현상이 벌어지고 있을까?

TSMC는 10nm 이하의 첨단 공정에서 삼성전자와 쌍벽을 이루며 존재감을 보이는 기업이다. Taiwan Semiconductor Manufacturing Company. 이름 자체가 대만의 반도체산업을 대표하고 있다. 현재 글로벌 반도체의 이슈가 최첨단 반도체의 생산부족이다 보니 첨단 공정 기술을 보유한 TSMC의 몸값이 자연스레 높아지고 있는 것이다.

TSMC는 우선 미국의 요구부터 들어주기로 했다. 2020년 인텔 공장 근처인 애리조나에 120억 달러를 투자, 5nm 공정을 적용할 것이라고 밝혔다. 이는 미국에 건설되는 최첨단 공장 자리를 예약했다. 현재 미국에는 10nm 이하 공장이 없는 실정이다. 2021년에는 더 나아가 총 350억 달러를 투자해 미국에 6개의 공장을 짓겠다는 발표에까지 이른다. 유럽도 첨단 공장 유치의 1순위로 TSMC를 꼽고 있고 구체적인 협상이 진행되고 있다고 알려졌다.

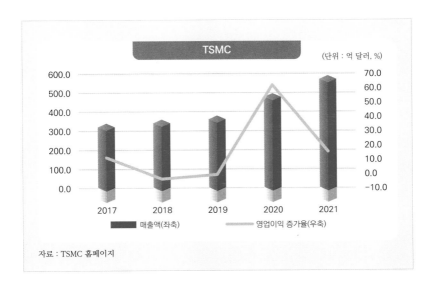

자료 : TSMC 홈페이지

일본은 훨씬 적극적으로 구애공세를 펼치고 있다. 일본은 자국기업 위주의 반도체 생태계 조성에 일가견이 있는 나라이다. 그런 일본이 파격적으로 해외기업을 중심에 놓고 일본 반도체의 미래를 그려갈 준비를 하고 있다. 물론 그 해외기업은 TSMC이다. 한마디로 파격 그 자체이다. 일본 정부와 TSMC가 서로 필요했기 때문이다. TSMC는 3D 패키징 시장을 선도하기 위한 소재·장비 개발을 일본 업체와 같이하기로 합의했다. 일본의 우수한 소재·장비 기업을 활용할 수 있기 때문이다. 일본 정부도 TSMC와 같이하면 차세대에 필요한 소재·장비 분야에서 앞서나갈 수 있다는 계산이 깔려 있다. 글로벌 이미지센서 점유율 40%를 차지하는 Sony와 협력도 구체화됐다. Sony의 생산시설 인근에 이미지센서용 이미지칩과 로직칩을 생산하기 위한 대형 생산시설 2곳을 짓기로 했다.

TSMC에게 좋은 일만 있는 것은 아니다. 2020년 트럼프 행정부가 중국의 Huawei와 반도체 거래를 금지하면서 TSMC는 매출에 큰 타격을 입었다. 매출의 17%를 중국에서 얻고 있는데 그 대다수는 Huawei와의 거래에서 나왔기 때문이다. 그렇다고 중국과의 모든 거래를 끊은 것은 아니다. 중국 난징에서 기존 공장 근처에 자동차용 반도체를 생산하기 위한 공장을 증설하기로 발표하기도 했다. 미국과 중국의 요구를 동시에 들어주는 것이다.

TSMC의 독보적인 위치는 다른 의미에서 대만의 안전판 역할을 하고 있다. Silicon Shied. 반도체를 방패막으로 미국과의 거래에서 협상우위를 점하자는 속셈이다. 다른 한편으로는 TSMC는 코로나19 상황에서 정부를 대신해 백신 구매협상을 주도하기도 했다. TSMC는 단순히 잘나가는 기업수준을 넘어 대만의 국가 어젠다를 끌고가는 독보적 위치에 있다.

TSMC가 파운드리 분야를 개척해 잘나가고 있다고 해서 파운드리 분야는 쉬운 분야가 아니다. TSMC 이외에 파운드리 기업은 삼성전자, 대만의 UMC, 미국의 Global Foundries, 중국의 SMIC 등 소수에 불과하다. 최근 인텔이 뒤늦게 이 분야에 다시 뛰어들었다.

반도체의 다른 분야와 다르게 파운드리 분야는 기술력과 고객 관리가 까다롭다. 기술력은 얼마나 미세공정을 활용해 생산할 수 있느냐는 나노 기술로 대표된다. 현재 10nm 이하 미세공정이 가능한 기업은 TSMC, 삼성전자 2개 회사에 불과하다. 파운드리는 고객의 주문에 따라 위탁생산하는 기업이다. 고객의 까다로운 주문에 맞춰 다품종 소량생산을 하게 된다. 애플, 구글같이 큰 고객을 잡으면 고객 수를 줄이면서 수익을 극대화할 수 있는 구조이다. 실제 TSMC가 거래하는 기업은 510개에 이른다. 이와 대별되는 메모리 분야는 소품종 다량생산 체제이다. 큰 고객 위주로 관리하면 되는 것이다. 많은 기업들이 파운드리에 진입하고자 하나 어려운 이유는 기술과 고객이라는 파운드리 비지니스의 특징 때문이다.

반도체 연마술사: 내가 만들 수 없는 반도체는 없다

"반도체 설계와 생산을 다 잘 하기는 힘들다. 설계회사가 비용부담 때문에 생산을 같이하기 힘들다면 여기에 기회가 있는 게 아닐까?"

대만 반도체의 대부로 추앙받는 Morris Chang張忠謀, 장충모. 1987년 그가 반도체 파운드리 기치를 내거는 순간부터 반도체 생산시장은 완전히 다른 모습을 가지게 됐다. 영업이익률매출대비 영업이익 40%라는 경이적인 실적을 내고 있는 TSMC의 역사는 이렇게 시작됐다.

사실 Morris Chang은 미국의 반도체 회사인 Texas Instrument(TI)에서 20여 년 일하면서 부사장까지 올랐던 전설적인 인물이다. 미국에서의 성공신화는 반도체의 새로운 역사를 써내려가는 시작에 불과했다. 대만에서 반도체 신화를 만들어보자는 정부의 부름을 받고 애국심 하나를 들고 대만을 찾은 그였다. 50대 후반에 남은 여생을 편하게 보내기보다 반도체 불모지인 대만에서 고생을 사서한 이유이기도 하다.

세상에 없는 새로운 비즈니스 모델을 들고 돌아온 Morris Chang. 그의 경영방침은 오늘도 살아서 TSMC 경영의 나침반이 되고 있다. "고객과 경쟁하지 않는다." 반도체 설계 기업들은 생산기업이 원하는 대로 만들어 줄 수 있다는 신뢰가 가장 중요하다. 생산을 의뢰한 제품에 대한 정보를 함구하는 것도 필수적이다. TSMC는 고객을 안심시키며 고객과 함께 성장한다는 슬로건으로 오늘의 자리까지 오르게 됐다. 더구나 뛰어난 반도체 패키징 기술까지 보유하고 있다. 많은 기업들은 반도체 패키징 문제 때문에 반도체가 정상이라도 원하는 신호전달이 어려운 상황을 겪고 있기도 하다.

'TSMC가 만들 수 없다면 지구상 아무도 그것을 만들 수 없을 거야.' TSMC에 대한 믿음은 그렇게 큰 자산이 되고 있다. 첨단 생산과 완벽한 패키징까지 책임지는 TSMC의 매력. 누가 이를 거부할 수 있겠는가?

반도체 1위 기업
삼성전자

"170억 달러를 투자한다는데
제발 우리에게 와주세요"

미국의 지자체들은 심한 삼성
앓이를 경험했다. 각자 자기 지
역으로 삼성전자 공장을 끌어
들이기 위해 세금감면, 토지 무
상제공 등 파격적인 투자인센티브 경쟁을 보였다. 한때 우리나라 기업투
자를 블랙홀처럼 빨아들이던 중국이 아니라 미국에서 벌어지는 일이다.
길게 끌어오던 공장의 최종 후보지가 텍사스주의 테일러로 확정됐다. 현
재 운영 중인 오스틴 공장과 그렇게 멀지 않다. 투자확정 소식에 텍사스
주의 주지사를 포함한 모든 언론들은 격한 반응을 보이고 있다. 새로운
일자리를 2,000개 이상 만들 게 됐다는 제목이 현지 신문에 대문짝만

하게 실린 것은 물론이다.

2021년 미국이 개최한 3차례의 반도체 공급망 회의에서 삼성전자는 파운드리 사업부가 참여했다. 미국의 반도체 정책이 첨단기술을 가진 해외공장의 미국 내 신·증설이기 때문이다. 삼성의 파운드리 기술력이 TSMC와 어깨를 나란히 하고 있기 때문에 생겨난 일이다. 삼성전자가 파운드리에서 돌파구를 찾아낼 수 있으면 확실한 반도체 1위 경쟁력은 가능할 것이다.

삼성전자의 미국 공장 증설은 인텔, TSMC와의 새로운 게임의 시작을 의미한다. 반도체 1위 기업으로 얼마나 롱런할 수 있는지 테스트받게 될 것이다. 새롭게 반도체 파운드리 진출을 선언한 인텔. 삼성전자는 인텔의 본거지인 미국에서 인텔과 큰 싸움을 앞두고 있다. TSMC와는 미국에서 직접 경쟁하지 않았다. 삼성전자와 TSMC의 첨단공장은 모두 한국과 대만에 있었기 때문이다. TSMC가 미국에 공장을 신설하기로 선언한

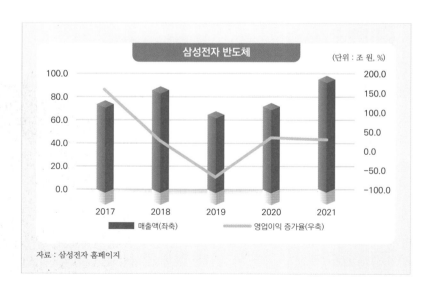

상황에서 제3국인 미국에서 TSMC와 삼성전자의 기술경쟁의 전운이 감돌고 있다. 앞으로 미국의 Big Tech 기업들이 삼성전자와 TSMC와 어떤 합종연횡을 이어갈지는 단순한 반도체 게임이 아니라 글로벌 반도체 시장을 새롭게 그려가게 될 것이다.

한편, 미·중 갈등의 여파는 여전히 삼성전자를 괴롭히고 있다. 오랫동안 거래해오던 중국의 기업들이 미국의 집중공격으로 휘청거리고 있기 때문이다. 그나마 다행인 것은 중국이 생산하는 핸드폰의 총량에는 변화가 없다는 것이다. Xiaomi, Vivo, Oppo가 약진하면서 오히려 중국 핸드폰 생산업체들의 수요가 증가하고 있다.

청출어람 : 내가 만드는 순간 새로운 신화가 된다

삼성전자는 1983년 64k DRAM 개발을 시작으로 선진기업과의 기술격차를 축소해왔다. 10여 년이 흐른 뒤인 1992년 세계 최초로 64M DRAM 개발을 시작으로 1994년 256M, 1996년 1G를 속속 출시한다. 1992년부터 사실상 삼성이 개발하면 새로운 업계 표준이 되는 삼성전자의 반도체 신화가 시작됐다. 2002년부터는 메모리 분야에서 압도적인 기술경쟁력을 바탕으로 미국을 추월해 이 분야 'Global Number 1'에 이름을 올린 이후 현재까지 그 지위를 유지하고 있다.

삼성전자 내부에서 메모리의 지위는 확고한 반면 파운드리는 이제 기반을 만들어가고 있다. 삼성의 기술로드맵에서 파운드리 사업은 2006년에야 시작됐다. 그러나 파운드리는 삼성전자가 가야 할 길이지만 헤쳐가야 할 장애요인도 만만치 않다. 기존의 메모리 반도체는 휴대폰, TV 등 탄탄한 내부수요가 큰 힘이 됐다. 파운드리는 다품종 소량생산의 특징을 가지고 있어 외부 고객을 발굴해야 한다. 비즈니스의 특성이 완전히 다른 것이다. 다시 말하면 메모리는 과감한 선제투자와 대규모의 연구개발, 생산공정의 효율을 바탕으로 성장이 가능하다. 반면 파운드리는 창의적인 아이디어, 설계능력 등 또 다른 능력을 요구한다. 그 결과 고객군도 메모리와 다르게 복잡하고, 다양한 고객들을 상대해야 하기 때문에 메모리와 완전히 다른 사업구조를 갖고 있다.

비메모리 분야에서 삼성전자의 노력은 이미지센서에서 나타나고 있다. 삼성전자는 2002년 이 시장에 뛰어들어 13년 만인 2015년 점유율 2위로 올라섰다. 삼성전자의 저력을 보여준 큰 사건이다. 이미지센서는 핸드폰, 전기차에 활용도가 높아지며 시장규모가 커지고 있는 대표적인 분야이다. 삼성전자는 2030년 이미지센서 시장에서 글로벌 넘버 1을 목표로 하고 있다. 현재 이 시장은 Sony가 40% 이상을 차지하고 있지만 삼성전자의 추격도 만만치 않게 진행되고 있다. 메모리 반도체의 설계와 공정능력이 이미지센서와 접목되면서 빠르게 시장점유율을 높이고 있다.

반도체 파운드리 비즈니스는 TSMC가 먼저 시작했으며 현재 시장을 선도하고 있다. 현재의 추세로 보면 삼성전자의 추격전이 매섭게 진행되고 있다. 파운드리의 최첨단 경쟁은 EUV를 얼마나 확보하는가에 달려 있다.

파운드리 시장 점유율('21년 3분기)

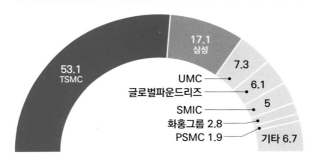

삼성전자와 TSMC의 EUV 확보 경쟁

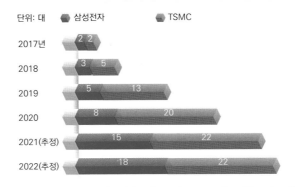

자료: 중앙일보(2021)

tip **EUV의 장점**

　　EUV가 왜 중요한가? 반도체는 복잡한 공정을 통해 완성품이 만들어진다. 공정절차를 줄이면 생산효율을 높이고 불량률을 줄일 수 있다. EUV를 사용할 경우 기존 공정의 최대 1/5까지 공정절차를 줄일 수 있다. 현재 ASML이 전세계에서 유통되는 EUV를 독점생산하고 있다.

ASML의 EUV 내부 구조

자료: 중앙일보(2021)

EUV의 공정 효율

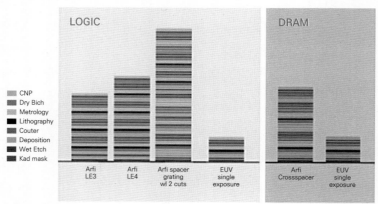

자료 : EEWORLD(2020)

EUV 장비의 글로벌 밸류체인

ASML이 EUV 장비를 최종 생산하지만 EUV 장비가 만들어지기까지 5,000개 이상의 기업들이 참여하고 있다. 아래 그림은 EUV 장비가 나오기까지 비즈니스 파트너의 수를 지역별로 표시했다. ASML의 본사가 있는 네덜란드의 비즈니스 파트너 비중이 가장 높고 미국, 일본, 영국, 독일 기업들이 생태계에 들어가 있다. 미국은 광원Light source, 일본은 감광제Photoresist와 마스크Photomask, 영국은 진공 시스템, 독일은 렌즈와 레이저를 각각 공급한다.

* EMEA는 Europe, the Middle East & Africa를 의미함
자료 : 미국반도체협회(2021)

파운드리 기업의 기술 Road map

　　파운드리의 핵심은 누가 앞선 나노기술을 상용화하는지 여부이다. 2021년까지 삼성전자와 TSMC만 5nm기술을 상용화했다. 최첨단 공정경쟁은 TSMC, 인텔, 삼성전자 등 3파전 양상이 점차 명확해지고 있다.

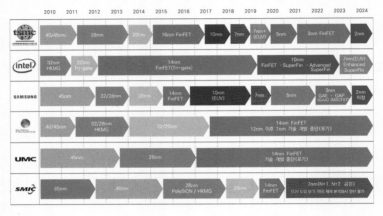

자료 : SK증권(2021)

반도체 생산과정에서 EUV의 위치

 반도체가 만들어지려면 설계, 생산, 패키징의 단계를 거친다. 특히, 미·중 갈등의 국면에서 첨단공정의 상징인 노광공정 과정이 주목을 받고 있다. 노광공정의 핵심은 EUV이며, EUV를 사용하느냐 못하느냐에 따라 최첨단공정의 여부가 결정된다.

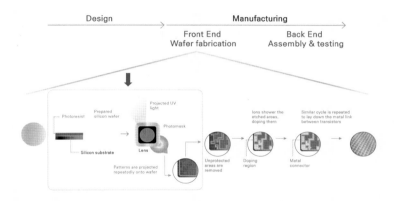

자료 : 미국반도체협회(2021)

Getty images

'반도체의 두뇌'를 설계하는
ARM

"미·중 경쟁은 기업의 숨통까지 조일 수 있다"

'반도체의 두뇌'를 설계하는 독보적인 기업 ARM. 반도체 설계분야의 독보적인 기업도 미·중 갈등은 피해가기 어려웠다. ARM은 미·중 갈등이 정점으로 치닫는 시기에 중국 자회사인 ARM China의 경영권을 상실했다.

미국과 중국의 기술전쟁이 한창이던 2018년. ARM의 중국 자회사인 ARM China의 대주주가 갑자기 중국계펀드로 바뀐다. 이 중국계펀드는 허우안혁신펀드厚安創新基金이며 이 펀드에는 중국정부가 운영하는 실크로드펀드, 중국투자공사가 주주로 참여하고 있다. 2016년 ARM을 인수한 소프트뱅크의 손정의 회장이 지분 51%를 중국계펀드에 매각했기 때문이다.

겉으로는 소프트뱅크의 경영난에 따라 손정의 회장이 지분을 매각한

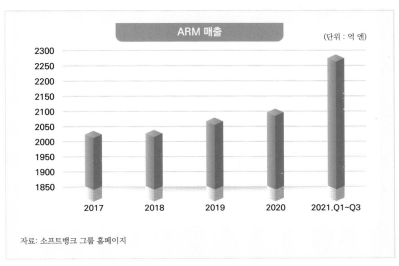

ARM 매출

(단위 : 억 엔)

자료: 소프트뱅크 그룹 홈페이지

ARM은 2016년 9월 소프트뱅크에 인수되면서 일본의 회계기준을 따르고 있다. 일본의 회계년도는 4월부터 이듬해 3월까지이다. 그림의 Q1~Q3은 4월~12월을 의미한다.

것으로 보인다. 실제로는 중국의 반도체 굴기의 일환으로 해석하는 시각이 우세하다. 중국 입장에서는 글로벌 반도체 설계 IP를 독점하는 ARM을 갖고 싶은 것이 인지상정이다. 미국이 ARM 설계기술의 중국제공을 막는다면 중국 반도체는 올스톱되기 때문이다. 미·중 갈등이 빚어낸 또 다른 모습인 것이다.

ARM의 기구한 운명은 여

ARM China 지배구조

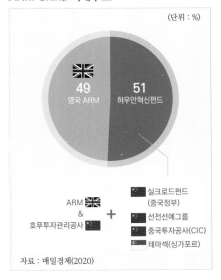

(단위 : %)

🇬🇧
49
영국 ARM

51
허우안혁신펀드

ARM 🇬🇧
&
호푸투자관리공사 🇨🇳 + 실크로드펀드 (중국정부)
선전선예그룹
중국투자공사(CIC)
테마섹(싱가포르)

자료 : 매일경제(2020)

기서 그치지 않는다. 2020년 9월 미국의 GPU 기업인 엔비디아가 소프트뱅크로부터 ARM을 인수하겠다고 선언했다. 기업결합을 위해 중국의 '국가시장관리감독총국'SAMR의 벽을 넘어야 한다. 앞에서 언급한 것처럼 SAMR이 반대하면 최종 Deal 성사가 어렵다. 더군다나 중국계자본이 ARM China의 대주주이기 때문에 훨씬 더 조심스러울 수밖에 없다. 여기에 더해 ARM 기반 설계를 해오던 삼성전자, 애플, 퀄컴도 이 Deal을 반대하고 나섰다. 굳이 가지고 싶지는 않지만 남에게는 허락하지 못하겠다는 것으로 해석된다. 결국 ARM은 중국을 포함한 각 국가의 규제당국과 경쟁업체의 반대를 넘지 못했다. ARM의 대주주인 소프트뱅크 그룹의 손정의 회장은 엔비디아와의 거래가 막히자 매각보다는 기업공개쪽으로 방향을 전환한다고 밝혔다.

무언의 마술사 : 내가 그리지 못하면 반도체는 없다

"누구도 흉내내지 못할
독특한 사업구조를 만들자"

ARM의 사업구조는 특이하다. 반도체를 생산하거나 직접 설계를 진행하지 않는다. 다만 설계 표준을 장악하면서 이를 필요로 하는 기업에 지적재산권IP, Intellectual Property을 판매한다. 지적재산권을 제공하고 반도체 칩에서 발생하는 매출액의 일정 부분을 로열티를 받고 있다. 한마디로 '반도체의 두뇌'를 설계한다. 이런 사업구조 때문에 반도체를 하는 모든 기업을 고객으로 두고 있다. 현재 스마트폰 AP의 95%는 ARM 설계를 기본으로 움직인다. 삼성전자, 애플, 퀄컴같이 모바일을 호령하는 기업들은 ARM이 제공한 설계도를 기반으로 자신에게 맞는 기능을 넣은 설계를 하는 것이다.

이런 비즈니스 구조에 대한 이해를 위해 파워포인트를 예로 들어보자. 일반인들은 마이크로소프트에서 제공하는 파워포인트를 활용해 자신의 개성에 맞게 디자인해서 사용한다. 파워포인트를 대체하는 새로운 Tool을 만드는 것보다는 만들어진 파워포인트를 잘 활용하는 것이다. 많은 사람들이 파워포인트를 사용하고 업계의 표준이 될수록 계속해서 많은 사람들은 파워포인트를 매개로 연결된다. ARM은 파워포인트 같은 프로그램을 만드는 회사인 것이다. 많은 회사들이 ARM을 사용할수록 ARM의 생태계는 자연스레 확장된다.

ARM의 성장 역사를 볼 때 애플과 깊은 관계로 연결돼 있다. 1990년 ARM이 런던에서 창립될 당시 애플은 300만 달러를 투자하며 주주로 참여했다. 창립 초기 애플의 부사장이 ARM의 CEO를 맡을 정도였다. 애플은 인텔과 협업으로 매킨토시 컴퓨터 생산을 시작으로 2020년까지 애플과 인텔의 협력은 계속됐다. 그러나 2020년 애플이 인텔과의 결별을 선언한 것은 ARM의 존재가 있었기 때문이다. ARM의 기술을 사용하면 애플이 입맛대로 반도체를 설계할 수 있을 것으로 판단했다.

ASML이 없으면
첨단 반도체는 없다

"이미 계약한 것도 못 팔게 하니
이게 말이 됩니까?"

2020년 4월. ASML 경영진은 허탈
한 표정으로 옹기종기 사무실에 모여
대책회의를 열었다. 중국의 파운드리
업체인 SMIC에 납품하기로 한 EUV

ASML

장비의 중국행이 막혔기 때문이다. 선적을 앞두고 네덜란드 정부에서
수출승인을 내주지 않았다. 이는 미국이 네덜란드 정부를 압박했기 때
문인 것으로 알려졌다. 정상적인 기업간 계약도 미·중 갈등이라는 큰 파
고 앞에서 속수무책이다.

미국이 네덜란드 정부를 압박하기 위해 들고 나온 무기는 '바세나르
협정'이다. ASML이 독점적으로 생산하는 EUV에 대해 미국 규제를 직

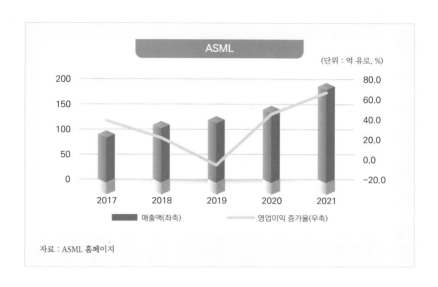

자료 : ASML 홈페이지

접 적용하기 힘들자 국제협정의 힘을 빈 것이다. 바세나르 협정Wassenaar Arrangement은 재래식 무기와 이중용도민군 겸용 제품과 기술의 통제에 관한 국제 협정이며 1997년 출범했다. 냉전시기 공산권 국가를 견제하기 위해 설립된 CoComCoordinating Committee for Multilateral Export Controls과 유사하다. 총회의 결과는 법적구속력이 없어 42개 회원국은 가이드라인으로만 활용하고 있다.

바세나르 협정에 참가한 국가들은 매년 정기총회를 개최한다. 정기총회에서는 거래를 금지하는 기술과 제품을 발표하는 중요한 이벤트가 포함돼 있다. 2019년 12월 정기총회에서 ASML이 독점 생산하는 EUV가 포함됐다. 미국의 논리는 이렇다. 바세나르 협정은 강제규정이 아니지만 네덜란드 정부대표가 총회에 참석한 것은 생각과 행동을 같이하는 데 동의했다는 것이다. 네덜란드 정부에서 계속해서 문제를 제기하자 미국은 2020년 10월 연방관보에 EUV를 포함함 상품거래 금지품목을 발표하고 법적 구속력을 높였다.

EUV가 어떤 제품이기에 미국이 이렇게 민감하게 받아들이고 있을까? 반도체 회로는 기판이 되는 웨이퍼 위에 빛에 반응하는 감광액을 바르고 그 위에 회로 설계도에 맞도록 빛을 쏘면 만들어진다. 이 공정을 포토 리소그래피photo-lithography라고 하며, 이때 사용하는 장비가 노광장비다. 현재 노광장비를 개발하고 있는 기업은 ASML, 니콘, 캐논 세 곳이다. ASML이 노광장비 시장에서 차지하고 있는 비중은 85~90%이며, EUV 노광장비는 ASML이 유일하게 생산하고 있다.

반도체의 미세공정 경쟁에서 EUV가 없으면 첨단제품 경쟁을 포기하는 것과 같다. 원가경쟁에서도 절대 불리한 위치에 놓인다. 반도체 생산과정은 복잡하기로 악명이 높다. 공정이 복잡할수록 불량제품이 나올 확률이 높아지기 때문에 공정단계의 축소는 기업의 경쟁력과 직결된다. EUV 장비는 반도체 생산 시간의 60%, 원가의 35%를 차지할 정도로 절대적인 위치에 있다. 그러다보니 대당 2,000억 원을 호가해도 기업들이 서로 사겠다고 아우성인 것이다.

빛의 지배자 : 내가 나서야 명품 반도체가 된다

🔲

"ASML이 생산하는 노광장비 없이는
첨단 반도체를 만들 수 없다"

ASML은 네덜란드 벨트호벤에 본사를 두고 있는 노광장비 제조업체다. 빛을 이용해 반도체 회로를 그리는 노광장비를 주로 만든다. ASML이 노광장비 시장에서 강세를 보일 수 있던 것은 반도체 장비 중에서도 노광장비 사업을 기반으로 설립된 회사이기 때문이다. ASML은 1984년 반도체 제조장비업체 ASMI_{ASM인터내셔널}에서 리소그래피_{노광} 사업부가 떨어져나와 네덜란드의 필립스와 합병해 설립한 기업이다. ASML의 'L'은 'Lithography'의 약자를 뜻한다. 회사가 출범할 때부터 회사의 정체성을 노광장비에 둔 이유이기도 하다.

ASML은 2009년 실험실 수준에서 EUV를 활용한 22nm의 메모리 반도체를 만든 바 있다. 그러나, ASML이 EUV에서 앞서나갈 수 있었던 결정적 이유는 2013년 광원 회사인 미국의 Cymer를 인수하면서부터이다. 노광장비의 핵심은 빛의 파장이 짧을수록 웨이퍼 위에 보다 정밀한 패턴을 새길 수 있기 때문이다. Cymer가 이 분야의 핵심기술을 보유하고 있다.

ASML의 가능성을 알아본 반도체 회사들은 앞다퉈 ASML의 지분인수에 참여하기도 했다. 삼성전자는 지난 2012년 ASML 지분 3%를 사들였다. 삼성전자와 비슷한 시기 인텔과 TSMC도 ASML 지분 15%, 5%를 각각 사들였다. ASML과 원활한 관계를 맺기 위해서였다. 하지만 이후 인텔은 보유 지분율을 현재 3%까지 대폭 낮췄고, TSMC는 2015년 지분 전량을 매각했다. 그 결과 ASML은 모든 반도체 생산기업의 구애를 받고 있지만 그들과 경쟁하지 않는 독특한 위치를 점하고 있다.

ASML에 따르면 연간 EUV 장비 출하대수는 2018년 18대, 2019년 26대, 2020년 31대, 2021년 42대다. 올해는 생산성을 개선해 연간 장비 판매대수를 50대 수준까지 늘린다는 계획이지만 이마저도 현재 수요를 모두 감당하기엔 역부족이다.

EUV의 주 고객은 대만과 한국이다. 10nm 이하의 최첨단 공정을 상용화한 기업들이 몰려 있기 때문이다. 2021년 매출에서 대만은 39.4%, 우리나라는 33.4%를 차지했다.

불확실성과 혼전
: Where to play

국가의 정책이 시장을 만들어 가고, 기업들이 각자의 위치와 입장에서 최적의 선택을 하고 있다. 정부와 기업의 움직임이라는 두 개의 힘이 동시에 작용하면서 반도체의 성장축이 몇 곳으로 집중되고 있다. 반도체에 종사하는 여러 기업들이 특정 지역에 모여서 생태계를 만들면서 글로벌 주요 지역에 반도체 도시들이 속속 그 자리를 공고히 하고 있다.

2020년부터 시작된 반도체 생산시설의 재편과정에서 부상하고 있는 대표적인 Cluster를 살펴본다. 단순히 관련 기업이 많이 모여 있다는 의미가 아니다. 현재의 첨단 기술로 공장이 들어서기 때문에 미래에도 시장을 이끌어갈 가능성이 높은 지역 위주로 살펴보겠다.

미국의 애리조나 · 텍사스

"글로벌 반도체 기업들이
Silicon Desert로 몰려들고 있다"

 그랜드 캐년Grand Canyon을 품고 있는 사막의 도시, 애리조나. 미국의 반도체 산업 부활의 특명의 받으며 첨단반도체 전쟁의 최고의 수혜자가 되고 있다. 인텔이 반도체 왕조재건을 위해 두 개의 첨단공장 소재지로 선택했고, TSMC는 미국시장 공략의 첨병으로 낙점됐다. TSMC의 중국 이외 최초의 해외공장이기도 하다. 앞으로 반도체 역사는 애리조나를 중심으로 전개될 가능성이 높아졌다. 전세계 반도체 기업들은 애리조나에서 쏟아져 나올 뉴스 하나하나에 이목을 집중하게 될 것이다.

 애리조나의 어떤 매력이 글로벌 기업들을 끌어들이고 있을까? 애리조나는 무엇보다 넓은 토지, 풍부한 인력, 자연재해가 없는 지역이다. 무엇보다 1950년대 모토롤라가 이 지역에서 연구개발과 생산을 시작하면서 산업기반이 잘 조성돼 있는 것이 가장 큰 매력이다. 이후 1980년대 인텔의 공장이 이곳에 집중되며 인텔의 성장과 생사를 같이해왔다. 인텔의 부활선언과 함께 애리조나가 다시 주목받고 있다.

 거의 40년 동안 인텔의 도시로 불려왔던 애리조나는 기업도시의 전형을 보여준다. 인텔은 애리조나에 연평균 83억 달러 이상의 경제적 이득을 안겨주고, 12,000명 이상의 고급 일자리도 창출하고 있다.

 현재 인텔3개 공장, NXP1개 공장, 2020년 오픈를 비롯하여 마이크로칩Microchip과 메드트로닉Medtronic의 공장이 위치해 있다. 특히 네덜란드 반도체기업인 NXP는 자동차와 5G 통신용 칩을 생산하기 위한 전진기지로 이곳에 둥지를 틀었다.

반도체 기업들이 애리조나로 몰려들면서 이들 생산기업과 직간접적으로 연결된 반도체 관련 기업들도 애리조나를 주목하고 있다. 그 결과 각 분야 반도체 1위 기업들이 이곳으로 몰려들면서 애리조나는 반도체 1등 기업들을 줄 세우고 있기도 하다. 실리콘 웨이퍼 업체인 일본의 Sumco, 장비분야 절대강자인 Applied Materials, Lam Research, ASML 모두 이 지역에 몰려 있다. 후공정 분야의 미국 내 1위 기업인 Amkor도 한 자리를 차지하고 있다. 반도체 생산에 관한 한 거의 모든 생태계가 구축돼 있는 셈이다.

애리조나는 미국 반도체의 본거지인 실리콘 밸리와 인접해 실리콘 밸리에서 개발된 제품을 빠르게 만드는 역할을 할 수 있는 조건을 갖추고 있다. 애리조나의 오른쪽에는 값싼 노동력을 바탕으로 반도체 후공정을 진행할 수 있는 뉴멕시코가 있다. 애리조나는 연구개발-생산-후공정으로 이뤄지는 반도체 밸류체인의 핵심적인 지리 조건을 갖추고 있다.

애리조나와 쌍벽을 이루고 있는 텍사스도 주목할만하다. 오스틴은 실리콘 밸리와 오스틴의 낮은 구릉지대를 조합한 Silicon Hills라고 불린다. 애리조나는 반도체 생산을 위한 장비업체, 파운드리 위주의 클러스터가 만들어지고 있다고 설명했다. 반면 오스틴은 반도체 생산과 더불어 반도체를 필요로 하는 수요기업들까지 포진하고 있다.

삼성전자가 오스틴의 인근 지역인 테일러에 첨단 파운드리 공장을 짓기로 하면서 Silicon Hills가 재조명받고 있다. 여기에다 70년 역사를 지닌 텍사스의 터줏대감 Texas Instrument도 빼놓을 수 없다. Texas Instrument는 텍사스 북부를 중심으로 '반도체 텍사스'에 힘을 보태고 있다. NXP, 인피니온 등 유럽의 반도체 회사들도 이미 이 지역에 자리잡고 있다.

🏛 미국 내 2021년 계획·신축 신규 Fab

인텔은 애리조나에 두 개의 파운드리 공장과 뉴멕시코에 후공정 공장을 계획하고 있다. TSMC도 인텔 인근
에 파운드리 공장을 계획하고 있으며, 향후 미국 내 5개를 추가하겠다고 발표했다. 삼성은 기존 공장이 있는
텍사스에 파운드리 공장을 짓기로 했다. Texas Instrument도 텍사스북부에서 2022부터 신규 Fab을 건
설할 계획이다. 글로벌파운드리는 기존 뉴욕공장 옆에 공장신설을 추진하고 있다.

　　반도체를 많이 사용하는 기업들도 오스틴으로 몰려들고 있다. 소프트
웨어 기업인 오라클이 2020년 본사를 오스틴으로 옮겼다. 2021년 테슬
라가 이 행렬에 합류하면서 미국 내 Big Tech 기업들의 오스틴행에 가
속도가 붙고 있다. 많은 첨단 기업들은 실리콘 밸리의 높은 물가와 규제
를 견디지 못하고 '실리콘 밸리 엑소더스'가 이어지고 있다. 그들의 목적
지는 저렴한 세금과 양질의 인력이 있는 텍사스이다. 미국에서는 실리콘
밸리, 애리조나, 텍사스의 삼각 경쟁구도가 만들어지고 있다.

독일의 드레스덴

⬚

"우리의 목표는 유럽 1위가 아니다.
세계 최대의 반도체 클러스터가 될 것이다"

독일의 동부지역인 드레스덴. 옛 동독의 산업지대였지만 최근 유럽의 미래를 이끌어갈 지역으로 다시 주목받고 있다. 370여 개의 회원사를 가진 Silicon Saxony라는 협회가 드레스덴을 기반으로 유럽 반도체의 미래를 주도하고 있다. 이 지역은 반도체 생산 자체뿐만 아니라 반도체를 많이 필요로 하는 로봇, 자율차 등 업체까지 몰려들어 '디지털 허브'를 지향한다.

반도체 분야로 좁혀보면 독일 최대의 반도체 기업인 Infenion, 독일의 전장회사 Bosch의 자동차용 반도체 공장, 미국 파운드리 업체인 GlobalFoundires의 공장이 집중돼 있다. 파운드리 분야 글로벌 1위 업체인 TSMC도 이곳에 공장을 짓기 위해 노력하고 있기도 하다.

자동차용 전장업체인 Bosch는 자체 칩 생산을 위해 12억 달러를 투자한 첨단공장을 '21년 7월 오픈했다. 자동차용 반도체 부족현상이 심화되면서 자체 반도체 확보방안을 실천하고 있다. Infenion, Global-Foundries는 각각 2개, 3개의 공장을 보유하고 있다.

드레스덴은 애리조나와 다르게 반도체 생산과 반도체를 수요로 하는 기업군들이 모여 있다는 특징을 가지고 있다. 반도체 자체의 발전과 더불어 미래 첨단산업에서 유럽의 미래를 이끌어가겠다는 다부진 포부가 읽히는 대목이다.

🏛 유럽 내 2021년 계획·완공 신규 Fab

인텔은 독일에 2개의 파운드리 공장 신축, 아일랜드 공장 지금의 2배로 확대, 이탈리아에 후공정 공장 신축을 발표했다. 보쉬는 드레스덴에 자동차용 반도체 공장을 완공했다. 글로벌 파운드리도 드레스덴에 신규공장 계획을 발표했다. 인피니언은 오스트리아에 공장을 신설하고 있다. TSMC는 독일 내 공장부지를 물색하고 있으며 드레스덴을 1순위로 고려하고 있다.

한국의 경기도

🔲

"Giheung, Icheon으로 가주세요"

외국인들의 러브콜을 받는 우리나라의 2개 도시다. 그들의 눈에는 우리나라에서 서울보다 중요한 도시가 이곳이며 인천공항에서 바로 직행하는 목적지이다.

외국인들이 몰려들 다음 도시로는 판교, 화성·용인이 될 가능성이 높아지고 있다. 우리나라 정부가 'K 반도체 벨트'를 발표하며 이 지역을 주목했기 때문이다. 'K 반도체 벨트'는 '코리아 반도체 벨트'이기도 하고, '경기도 반도체 벨트'이기도 하다. 한마디로 우리나라를 대표하는 반도체 벨트를 경기도를 중심으로 만들겠다는 마스터플랜을 마련했다. 경기도를 중심으로 반도체 벨트를 충청남·북도까지 확대하는 내용을 골자로 한다. 한마디로 우리나라의 구석구석에 반도체의 씨앗을 뿌리겠다는 야심찬 계획이다.

세부적으로 보면 잘하는 분야는 계속 잘하고 부족하다는 분야를 보충하겠다는 것이다. 이 가운데 주목할 움직임은 설계와 소재·장비를 집중육성한다는 내용이다. 비메모리 분야인 시스템 반도체를 육성하자는 구호는 요란했지만 이 분야를 콕 찝어 발표한 것은 우리나라 반도체 역사에 새로운 이정표가 될 것이다. 판교에서 K 반도체 벨트의 미래를 건 Fabless를 집중 육성한다. 미국의 인텔, 애플, 퀄컴 등에서 활동했던 엔지니어 출신들이 판교에 새로운 둥지를 트고 있는 것은 설계 분야에 대한 우리나라의 미래를 밝게 한다. 삼성전자와 하이닉스가 판교에 둥지를 트고 있는 Fabless와 같이 제품을 개발하기로 했다는 뉴스가 벌써 나오고 있다.

소재·장비도 새로운 역사를 만들어갈 준비에 나섰다. 지리적으로 화성·용인을 중심으로 육성하겠다는 계획이다. 구체적으로 보면 삼성전자의 생산시설이 집중된 화성 주변, 하이닉스가 투자를 확대하고 있는 용인에 집중돼 있다. ASML, Lam Research 등 소재·장비 분야의 내로라하는 글로벌 기업들이 이 지역에 투자하겠다는 의사를 적극적으로 표명하고 있다.

이 계획을 실현하기 위해 2030년까지 510조 원을 투자하겠다는 구

🏛 K 반도체 벨트 구상

'K-반도체 벨트' 구축 주요 내용

2030년까지 국내에 세계 최대 반도체 공급망 구축
- 소재·부품·장비(소부장)특화 단지
- 첨단 패키징 플랫폼
- 첨단장비 연합기지-용인·화성·천안
- 팹리스(설계)밸리-판교 부근

• 기존 시설   ● 신규조성·구축
● 기존보완·증설

서울
경기도
팹리스
소부장
파운드리
메모리
판교
화성 기흥
화성
이천
파운드리
소부장
용인
메모리·
파운드리
평택
음성
충청북도
패키징
천안
충청남도
패키징
온양
괴산
메모리·
파운드리
청주

자료 : 산업통상자원부(2021)

상이다. 반도체 K벨트는 우리나라 반도체의 운명을 좌지우지할 것이다. 10여 년 뒤 Gyeonggi-do가 글로벌 반도체의 성지가 돼 성지순례객이 몰려드는 상상을 해본다.

반도체 K벨트 전략은 미국과 중국의 공격적인 반도체 경쟁의 와중에서 우리나라가 내놓은 해결방안이다. 애리조나·텍사스, 드레스덴 지역

과 다르게 정부 주도로 만들어지고 있는 특징을 보이고 있다. 육성 분야
도 반도체와 관련된 설계-생산-후공정을 포함한다. 반도체 수요기반 확
대보다는 반도체 자체에서 경쟁력을 확보하겠다는 의지로 읽힌다.

반도체 전쟁, Winner의 조건

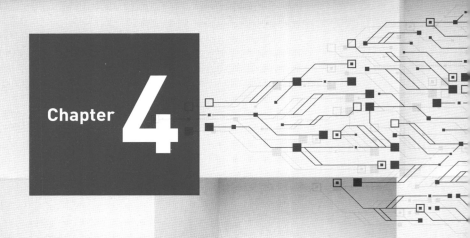

Chapter **4**

한국은
어디로 가나

4

한국은 어디로 가나

- 반도체에 정부의 역할이 점차 중요해지고 있다

- 반도체 코리아의 위상

- 소재·장비의 Golden Age

- 나가며

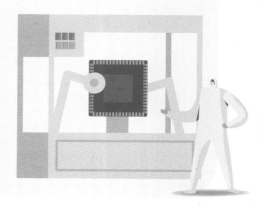

20 15년으로 거슬러 가보자. 미래창조과학부에서 광복 70년을 맞아 국가 경제발전을 견인해온 과학기술을 70개 선정했다. 1980년대의 성과에서 DRAM 반도체개발이 1순위로 꼽혔다. 오늘날 우리나라가 기술 코리아로 성장한 데는 반도체를 빼놓고 말하기 어려울 정도로 당연한 결과이다. 그리고 보면 우리나라의 반도체 역사는 40여 년에 불과하다. 글로벌 산업 역사를 다시 써야 할 정도로 굉장한 성취이고 누구도 흉내내지 못할 기적을 일궜다.

미·중 반도체 갈등과 디지털 혁신으로 우리나라의 반도체의 힘이 다시 주목받고 있다. 미국 대통령이 미국에 공장을 지어달라고 읍소하고 있다. 한 번도 경험해 보지 못한 상황이다. 앞으로의 상황은 유동적이고 우리가 현재 어떻게 하느냐에 따라 반도체 코리아의 미래는 달라질 것이다. 아주 오랫동안 반도체라는 황금을 낳는 거위를 가질 수도 아닐 수도 있다.

반도체 강국이면서 반도체 위기론이 계속 나오는 것은 메모리 하나에만 너무 치중해 있다는 것을 반증한다. 우선 반도체를 둘러싼 상황이 많이 바뀌고 있다.

디지털 혁신 차원에서 우리나라의 반도체 수요 기반이 약하다. 우리나라에서 생산된 반도체는 일부만 우리나라에서 소비된다. 나머지는 모두 전세계 시장으로 나간다. 우리나라는 일본과 유사하게 반도체 소비는 생산의 1/3에 불과하다. 반도체는 많은데 정작 이를 사용할 곳이 마땅하지 않은 상황이다. 우리나라 내에서 반도체를 필요로 하는 산업을 키우는 수요시장의 확대는 지상과제이다.

디지털 혁신의 총아로 떠오르는 빅데이터, 인공지능, 메타버스 분야에서 성과를 내면 해볼만한 도전이다. 반도체만 파는 것이 아니라 반도체가 다른 제품과 결합될 때 훨씬 높은 가치를 낼 수 있기 때문이다. 음악,

영화, 드라마 등 문화산업에서 K 콘텐츠 파워는 우리의 가능성을 먼저 보여주고 있다. K 콘텐츠와 반도체의 결합은 디지털 혁신 시대에 우리 나라가 혁신의 아이콘을 선점할 수 있는 조건을 만들고 있다. 지금이 아니라 후손들이 그 결과물을 챙기더라도 말이다.

그리스와 로마를 여행한 사람들은 그 웅장함과 스토리에 반쯤 기가 죽기 마련이다. 그들은 조상을 잘 만난 덕분에 후손들이 편하게 살고 있는 것이다. 우리의 후손들이 반도체 덕분에 잘 산다면 충분히 도전해볼 가치가 있다. 반도체만을 할 것인가? 반도체를 활용해 디지털 혁신을 리딩할 것인가? 현재 우리는 반도체에서는 잘하고 있다는 평가를 받을 뿐이다. 디지털 혁신의 리더가 되기 위한 도전의 씨앗도 서서히 뿌려지고 있다.

반도체에
정부의 역할이 점차 중요해지고 있다

　정부, 기업, 소비자가 밀고 당기며 반도체 시장을 만들고 있다. 현재 진행 중인 반도체 전쟁은 정부가 뒷짐을 진 채 방관하지 말고 적극적으로 참여해야 한다는 명분을 만들고 있다. 우리나라의 경제안보 분야 최고의 국책연구소로 대외경제정책연구원이 있다. 이 조직을 이끄는 김흥종 원장은 이런 상황을 글로벌 가치사슬Global Value Chain, GVC에서 글로벌 공급망Global Supply Chain, GSC으로의 패러다임 전환이라고 요약하고 있다. 가치Value보다는 공급Supply으로 무게중심이 움직이고 있다는 말이다. 다른 말로 하면 가장 저렴한 비용Lowest Cost을 추구하는 GVC보다는 가장 적합한 비용Best Cost을 추구하는 GSC로 추세가 바뀌고 있다는 것이다. 이런 과도기적인 혼란한 상황에서 위기를 막는 울타리를 치면서 산업을 키우는 정부의 역할이 중요해지고 있다. 기업은 경제와 안보가 결합된 복합적인 상황에서는 움직임이 제한적일 수 있다.

　글로벌 가치사슬은 각 국가가 자국의 비교우위를 바탕으로 가장 잘하는 분야에 집중하고, 여기에서 생산된 물건이 전세계로 연결되는 것을 의미한다. 여기에서는 낮은 비용과 높은 효율성이 가장 중요한 요소가 된다. 반면 글로벌 공급망은 제품이 차질 없이 생산되고 소비자에게 원하는 만큼 제때 공급되는 것을 의미한다. 비용과 효율보다는 비용이 많이 들더라도 내가 있는 지역이나 그 근처에 생산시설을 확보해야 함을 의미한다. 낮은 비용을 찾아 개도국으로 몰려들었던 투자의 시계가 거꾸로 돌아가는 글로벌화의 후퇴로 설명하는 사람들도 있다.

글로벌 공급망에서 중국의 영향력이 높아지고 있다. 중국산 부품과 완성품이 없으면 그 나라의 경제가 제대로 굴러가기 어려운 상황인 것이다. 이런 상황을 타개하고자 미국 정부는 미국 중심의 공급망 재편을 기치로 반도체, 배터리 등 첨단제품 생산을 미국에서 하겠다는 선언을 하고 나섰다. 정부와 산업계가 한 몸으로 움직이면서 글로벌 공급망도 함께 변할 것으로 보인다.

많은 국가들의 중국 Factory에 대한 의존도가 높아졌다. 그 가운데 우리나라는 단연 중국에 대한 의존도가 가장 높은 1위 국가이다.

자료 : KIEP 홈페이지 캡쳐(2021)

미국이 글로벌공급망 재편에서 핵심으로 생각하는 4가지 분야는 반도체, 배터리, 의약품, 희토류이다. 우리나라는 반도체와 배터리에서 높은 경쟁력을 가지고 있다.

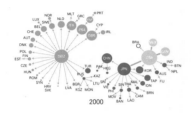 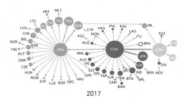 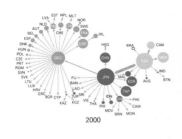 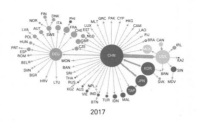

tip 글로벌 가치사슬에서 중국의 약진

글로벌 가치사슬Global Value Chain은 특정 지역에서 비교우위에 기반한 제품을 만들고 다른 나라에 제품을 제공하는 글로벌 분업과정을 의미한다. 글로벌 가치사슬의 변화는 2001년 중국이 WTO세계무역기구, World Trade Organization에 가입하면서 큰 변화가 시작됐다. Global Factory 기능이 강화되면서 중국이 부상한 반면 일본은 점차 그 기능이 약화됐다.

[글로벌 공급 Hub 변화]

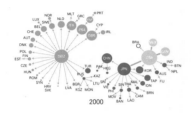

2000

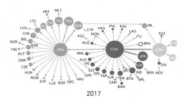

2017

[ICT 분야 글로벌 공급 Hub 변화]

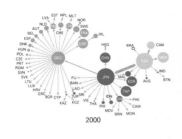

2000

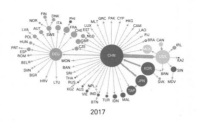

2017

주 : 원의 크기는 부가가치 창출의 크기를 의미한다.
자료 : Global Value Chain Development Report(2019), WTO, WB, OECD

그러나, 중국의 생산역량이 높아진 것과는 별개로 중국에서 창출하는 부가가치는 여전히 낮은 편이다. 애플의 아이폰 생산을 볼 때, 아이폰 X의 최종 판매가격은 대당 1,000달러인 반면 중국 몫은 104달러에 불과하다.

[iPhone X의 무역 구조]

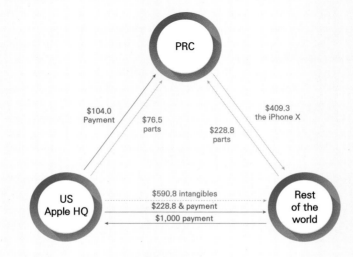

주1 : HQ(본사); PRC(중국); Rest of the world(기타 국가)
주2 : Intangibles는 iOS운영시스템, 브랜드, 디자인, 마케팅, 소매를 포함한다.
주3 : 회색 선은 생산과 수출 관련 제품의 흐름, 파란 선은 소득의 흐름을 표시했다.
자료 : Global Value Chain Development Report(2021), ADB

글로벌 공급망 관점에서 보면 미국은 자국 중심으로 공급망을 재편하겠다는 의지를 공공연히 표명하고 있다. 단순히 해외기업을 미국으로 불러들이는 데에서 나아가 연구개발의 압도적 우위를 바탕으로 첨단생산의 부활까지 겨냥하고 있다. 미국이 가진 무기는 경제와 안보를 조합하는 것이다. 단순히 경제적으로 유불리를 떠나 안보를 모든 것의 상위

개념으로 놓고 새로운 판을 만들려 한다.

그러나, 이미 최적화된 형태로 운영되는 글로벌 공급망은 하루아침에 바뀔 수 있는 성격이 아니다. 글로벌 공급망 재편에는 많은 시간이 필요하고 미국이 생각한 대로 100% 성공한다는 장담도 하기 어렵다. 그렇지만 공급망 안정화를 위해 미국 정부가 법률을 바꾸는 등 새로운 기회를 만든다면 기업들은 이를 마다할 이유가 없다. 과거에 이런저런 이유로 깐깐하게 외국인 참여에 비우호적이던 미국이 아닌가? 그런 미국이 양팔을 벌리고 Welcome을 외치며 외국기업들을 받아들이는 것이다. 특히, 미국이 공을 들이는 R&D까지 문호를 개방하며 외국기업이 노크하기를 기다리고 있다.

이에 발 맞추어 우리나라의 미국투자는 기하급수적으로 증가할 것으로 보인다. 미국이 하고자 하는 공급망 안정화의 핵심 분야인 반도체, 배터리, 바이오에서 한국기업들이 글로벌 경쟁력을 갖추고 있기 때문일 것이다. 미국이 생각하는 공급망 안정화에 한국과 한국기업이 최적의 파트너가 될 수 있는 조건을 갖추고 있기도 하다.

그러나 현실적으로 중국 시장도 매력적이다. 우리나라 반도체의 40% 정도가 중국으로 실려간다. 중국은 Global Factory라는 별칭을 갖고 있지 않나? 중국은 전세계 PC 생산의 70%, 휴대폰 생산의 51%, TV 생산의 36%를 차지하고 있다. 중국은 반도체를 많이 필요로 하고, 중국의 수

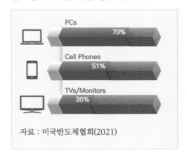

요를 채워줄 수 있는 국가로서 우리나라가 좋은 조건을 갖추고 있다.

올림픽 종목인 역도경기를 예로 들어보자. 전체를 지탱하는 막대기의

한국산 반도체의 중국 의존도

늘어나는 韓 반도체 대중국 수출
(단위: 억 달러)

373.3　2019년
399.1　2020년
390.6　2021년 1~10월

반도체 대중국 수출 비중

39.7%　2019년
40.2%　2020년
38%+α　2021년 1~10월

자료 : 매일경제 (2021)

양쪽 끝에는 같은 무게의 바벨이 있다. 바벨의 무게가 어긋나는 순간 역기를 제대로 들기도 힘들고 잘못하면 선수가 다칠 수 있다. 현재 우리에게 필요한 것은 무게의 중심을 잡는 '바벨전략'이라고 본다.

미·중 반도체 갈등에 대해 우리나라 정부도 오랜 침묵을 깨고 본격적인 대응에 나섰다. 바벨의 균형을 잡는 데 정부에 대한 기대가 그만큼 놓기 때문이다. 정부는 2021년 9월 '대외경제안보 전략회의'를 신설하기로 했다. 기존에 경제와 안보를 따로 분리해 운영하던 것으로 하나로 묶어 보다 유연하게 대응하겠다는 것이다. 이 전략회의에는 경제관련 부처 장관, 외교·안보 부처 장관, 국가안전보장회의 위원들이 참여하게 된다. 기존에는 안보 관련해서는 국가안전보장회의, 경제 관련해서는 대외경제장관회의를 별도로 운영해왔다.

반도체 코리아의
위상

　현재 벌어지고 있는 반도체 게임은 새로운 영역에 대한 진출의 문턱이 낮아지면서 시작됐다. 반도체에 사용되는 기술이 일반화되면서 벌어진 일이다. 이런 상황을 헤쳐나가기 위해 어느 때보다 차가운 머리가 필요하다. 원칙적으로 말하면 잘하던 것을 더 잘하고 부족한 부분을 채워나가는 것이다.

　반도체를 설계, 제조, 소재·장비로 크게 나눠볼 때 우리가 잘하는 분야는 메모리 반도체의 제조이다. 보완해야 하는 분야는 설계, 파운드리, 소재·장비처럼 우리의 존재감이 약한 분야이다. 이들 영역에서 삼성전자, 하이닉스 같은 규모의 기업이 추가로 몇 개 나온다면 우리나라는 확실히 승기를 잡았다고 말할 수 있을 것이다. 모든 분야를 다 잘하자는 것이 아니다. 설계, 파운드리, 소재·장비의 일부 핵심 분야에서 길목을 지키자는 것이다. 반도체의 특성상 각 국가와 기업이 가진 장점이 다르기 때문에 한 개 국가나 기업에서 반도체의 전 분야를 다 잘할 수는 없다. 앞으로 가야할 길이 탄탄대로가 아니라 울퉁불퉁한 비포장도로라

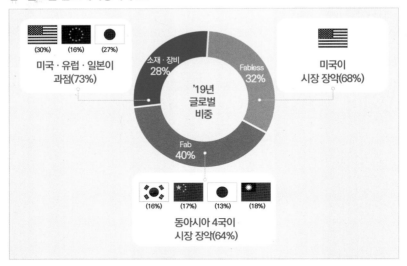

반도체는 크게 생산(Fab), 설계(Fabless), 소재·장비로 나눌 수 있다. 설계와 소재·장비는 미국, 유럽, 일본 등 선진국이 우위에 있다. 반면 동아시아 4국은 생산시장을 장악하고 있다.

자료 : CSET(2021), 미국반도체협회(2021) 데이터를 바탕으로 필자 작성

도 말이다.

반도체의 설계 부분은 Fabless로 불린다. 설계만 담당하고 설계가 끝나면 파운드리 업체에서 생산하는 구조이다. 이 분야에서 글로벌 50위 가운데 우리나라 기업은 1개 회사만 이름을 올려놓고 있을 뿐이다. 글로벌 상위권에는 미국퀄컴, 엔비디아, 브로드컴, 영국ARM과 대만미디어텍 기업들이 랭크되며 반도체 설계를 장악하고 있다. 설계와 생산을 같이하는 삼성전자, SK하이닉스의 설계 인력까지 합쳐도 시장의 수요를 감당하기에는 역부족이다. 이는 우리나라의 산업전략과 맥을 같이 한다. 앞선 선진기술을 빨리 들여와서 생산하고 이를 매출로 연결하는 구조에 익숙한 우리나라의 모습이 그대로 반영돼 있다. 다른 말로 하면 우리나라가 이 분

야에서 치고 나갈 여지가 많은 것이다.

파운드리는 업의 특성상 첨단공정과 직결된다. 초기 투자 비용이 높아 신규진출 장벽이 높은 편이다. 삼성전자와 TSMC가 전체 시장의 70% 이상을 점유하는 양강 체제로 운영되는 이유이기도 하다. 대만의 장점은 파운드리 기술수준과 이를 제품화하기 위한 마지막 단계인 패키징 기술의 결합에서 찾을 수 있다. 패키징 기업은 대만의 ASE, 미국의 Amkor, 중국의 JCET가 전체 시장의 60% 정도를 차지하며 3강 체제를 유지하고 있다. 파운드리와 패키징 회사를 같이 육성해야 함을 의미한다. 다행히 우리나라의 패키징 기업들은 삼성전자와 SK하이닉스의 생산물량이 많아 성장할 가능성이 높은 것으로 생각된다. 실제로 일부 기업들은 한국 내 매출뿐만 아니라 글로벌 시장에서 존재감을 드러내며 치열한 경쟁 속에서 글로벌 기업으로 순탄하게 성장해가고 있다. 이들의 성장은 우리나라의 반도체 제조업 기반을 한 단계 높이게 될 것이라 기대해본다.

소재와 장비는 메모리이든 비메모리이든 모든 반도체 생산공정에 필수 요소이다. 반도체의 역사가 긴 국가가 비교우위를 가질 수 있는 분야이다. 장비는 상위 5개 업체가 전체시장의 70%를 장악하고 있다. 미국의 Applied Material, Lam research, KLA, 일본의 Tokyo Electron, 네덜란드의 ASML. 소재는 일본기업이 절대 우위를 보이는 분야이다. 실리콘웨이퍼는 Shin-Etsu1위, Sumco2위, 포토레지스터감광제는 JSR이 1위 기업이다. 기업 규모가 크지 않고 이 분야에 전문화된 기업이라는 특징을 보인다.

반도체의 Fabless, 파운드리와 패키징, 소재·장비의 글로벌 상황은 우리나라가 진출할 때까지 기다려주지는 않는다. 그만큼 쉽지는 않다는 말이다. 일본이 2018년 반도체 소재에 대한 수출규제의 예에서 보듯 언제든 수입이 막힐 수 있는 상황이다. 가야 할 길이 멀지만 천천히라도 가야 하는 분야인 것이다.

반도체를 기능 차원에서 나누면 메모리반도체와 시스템반도체로 구분할 수 있다. 시스템반도체 시장의 규모가 메모리의 3배에 이르는 것으로 나타난다. 시스템반도체로 나가기 위해서는 앞에서 설명한 설계, 파운드리와 패키징이 같이 움직여야 한다. 그러나 우리나라의 글로벌 점유율이 4~5%에 불과한 것은 그만큼 쉽지 않은 게임이라는 것이다. 더구나 첨단 반도체를 많이 사용하는 구글, 애플, 테슬라 같은 기업들은 자체 반도체를 만들려는 노력을 계속 진행하고 있다. 시스템 반도체는 점차 넘사벽이 되고 있다. 반면 이들 기업들이 자기 회사에 적합한 반도체 설계에 집중한다면 이를 생산해줄 파운드리 시장은 기하급수적으로 확대될 수 있다.

다행히 우리나라가 시스템반도체 분야에서 의미 있는 자리를 만들 수 있는 길이 열리고 있다. 바로 AI를 활용하는 것이다. 육상경주를 예로 들어보자. 직진 구간에서는 큰 이변이 없는 한 원래 잘 달리던 사람이 앞서나가는 게 일반적이다. 그러나 곡선 구간에서 역전이 불가능한 것은 아니다. 직선 구간과 다른 경쟁규칙이 적용되기 때문이다. 이런 곡선 구간에서 치고나가는 데 AI는 구세주가 될 수 있다.

사실 시스템반도체 분야의 설계와 제조는 오랫동안 축적된 기술노하우가 중요하다. 설계와 생산 과정에서 많은 오류를 잡아내면서 문제를 해결한 능력과 시간은 AI의 도움을 받을 수 있을 것이다. 결국 우리나라의 AI 경쟁력이 반도체 경쟁력과 직결되는 시대가 다가오고 있다. 애플, 인텔 같은 기업에서 시스템 반도체를 설계했던 한국인 전문가들이 속속 우리나라에서 창업의 대열에 합류하고 있어 미래를 밝게 하고 있다. 우리나라의 생산능력과 스타트업의 협업은 우리나라의 반도체 생태계를 단단하게 만들 황금조합이 될 수 있는 것이다.

더구나, 글로벌 수준에서 뒤떨어지던 것으로 평가받던 우리나라의 AI 기술이 의미 있는 평가를 받고 있다. 글로벌 AI 경연대회에서 우승했다는 뉴스가 연이어 나오고 있다. 이런 노력들이 모인다면 AI를 활용한 반도체 분야의 발전도 기대해볼 수 있을 것이다. 반도체 황금시대를 열 수 있는 키를 가진 AI. 우리나라가 가진 반도체 분야의 생산능력과 AI 기술의 결합은 우리나라 반도체 질주의 새로운 이정표가 될 것이다.

미·중 갈등 상황에서 생존 방정식을 만드는 것은 또 다른 차원의 고민거리다. 미·중 갈등은 반도체 시장의 판을 바꿀 수 있는 파괴력을 가지고 있기 때문이다. 반도체 코리아의 앞길에는 예상되지 않는 많은 변수들이 자리잡고 있을 것이다. 디지털 혁신에 따른 반도체 수요는 차지하고라도 미국의 반도체 재강국화, 중국의 끊임없는 도전 같은 요소가 반도체 시장을 흔들어놓을 수 있다.

미국은 반도체 정책을 통해 미국 내 Winner's Club을 만들고자 한다. 이미 시장에서 검증된 기업들을 끌어들이고 이를 미국 반도체 경쟁력 향상으로 연결시키고자 하는 것이다. 삼성전자, TSMC의 미국행은 기존 미국의 Big Tech 기업과 One body로 가야 한다는 것을 보여주고 있다. 미국이 전적으로 지원하는 인텔의 재부상 가능성도 빼놓을 수 없다. 이렇게 되면 미국 내 반도체 순위가 그대로 글로벌 반도체 순위가 될 가능성이 높다.

'토사구팽'이라는 말이 있다. 토끼를 잡기 위해서 사냥개가 필요하지만 일단 토끼사냥이 끝나면 사냥개를 버린다는 속담이다. 일단 미국이 급해서 외국기업들을 끌어들이지만 인텔 같은 미국 기업이 확실한 경쟁력을 가진다면 굳이 외국기업을 환대할 이유가 없다. 현재 미국이 첨단 공정인 파운드리가 없어서 문제이지만 미국의 정책은 미래경쟁력을 좌

우하는 R&D에도 투자를 확대하고 있다. 상무부를 비롯하여 국방부, 과학기술위원회 등 거의 모든 행정부를 망라해서 움직이고 있다. R&D의 결과물이 나오는 시점에 시장의 판도는 또다시 크게 흔들릴 가능성이 농후하다.

미국의 새로운 반도체 정책이 새롭게 반도체 시장을 만들어가고 있다. 미국에서 깐깐하기로 유명한 환경보호국을 설득하면서까지 반도체 육성에 올인하고 있다. 미국 정부의 기대대로 시장이 잘 굴러간다면 새로운 정책이 미국에 진출한 기업을 때리는 방망이로 바뀔 수도 있는 것이다. 미국의 속내를 계속해서 주시해야 되는 이유가 여기에 있다.

미국이 가고자 하는 방향은 어느 정도 예측이 가능해 비교적 쉽게 대응할 수 있다. 반면에 중국의 반도체에 대한 의지와 역량은 가늠조차 어렵다. 중국의 중앙정부에서 반도체를 강조하면 지방정부가 나서서 시장을 만드는 것은 이미 하고 있다. 과거 달 탐사나 핵폭탄 제조에서 보여주었던 중국의 집요함이 추가된다면 중국에 대한 우리의 가정도 대폭 수정해야 할지 모른다. 우리는 이미 이를 경험하고 있다. LCD, 휴대폰, 자동차 등등. 우리나라가 수십 년 동안 공을 들여 만들어놓은 우리나라의 대표 상품들이다. 이들 영역에서 중국기술이 우리나라에 근접하거나 우리나라를 추월하는 모습을 지켜봤다. 반도체에서도 같은 현상이 벌어지지 말라는 법도 없다. 그나마 다행인 것은 미국이 전방위로 중국을 때리면서 우리나라가 약간 시간을 더 벌었다는 것이다.

반도체에 중국이 못 가진 것은 공장운영 경험이 부족한 것이다. 현재 글로벌 반도체 생산시설이 가장 많이 들어서는 곳이 중국이다. 그렇다면 공장을 운영하기까지 많은 시행착오를 겪을 것이다. 결국 시간이 많은 문제를 해결해줄 수 있다. 과감한 선제적 투자, 대규모 연구개발, 생산공정의 효율화는 메모리 반도체의 특징이다. 중국은 반도체에 투자하는 Big Fund를 2014년부터 운영하고 있다. 1기 펀드자금은 1,500억 달러에 달하고 2019년부터 300억 달러에 달하는 2기 펀드도 운영하고 있다. 대규모 연구개발은 2021년부터 시작된 14차 5개년 계획에서 구체적인 방향이 정해지면서 대규모 투자도 줄줄이 발표될 것이다. 전세계에서 새로운 공장을 가장 많이 짓고 있으니 생산공정의 효율화도 시간문제이다. 투자, 연구개발, 생산공정 첨단화 등 3개 분야에서 중국이 우리나라를 못 따라 올 이유가 없어 보인다.

더구나, 중국은 설계, 생산, 소재·장비 등 반도체의 전 영역에서 '반도체 자립'을 내세우며 공세적인 투자를 하고 있다. Fabless, 후공정, 소재·장비 등 일부 영역에서 이미 우리나라의 경쟁력을 앞서가기도 한다. 중국이 첨단공정에 필요한 노광장비의 자체 개발은 이미 가시권에 들어오고 있다. 상하이마이크로전자SMEE는 28nm 공정에 필요한 노광장비를 개발하고 곧 시험생산에 투입하는 것으로 알려졌다. 아직 10nm 이하의 노광장비 개발에 기술력이 뒤떨어지지만 중국이 노광장비를 자체 생산하고 있는 것은 중국의 잠재력이 만만하지 않다는 것을 의미한다.

그냥 열심히 하는 것이 아니라 목숨을 걸고 달려들면 당해낼 재간이 없다. 중국의 반도체 역량을 어떻게 해석하고 어떤 준비가 필요한지는 지금부터 차근차근 하나씩 준비해야 한다.

미·중 갈등과 디지털 혁신이 만들어낼 반도체 시장은 어디에서 의미 있는 변화가 일어날까? 소재·장비 시장의 특성에 주목해보자.

소재·장비의
Golden Age

우리나라가 별로 크게 생각하지 않았던 소재·장비 쪽에서 의외의 길이 열릴 수 있다. 2018년 한국을 그렇게 괴롭혔던 일본의 수출규제는 여전히 유효하다. 그런데 현재 반도체 시장에서 소재·장비 회사들은 반도체 생산시설이 많은 지역이나 인접한 곳으로 공장을 지으려는 의지가 강하다. 우리나라의 대표기업인 삼성전자와 하이닉스가 투자를 많이 하면 할수록 소재·장비를 공급하는 회사들은 그 근처로 모이게 돼 있다. 최근들어 ASML, Lam research을 비롯하여 일본의 많은 소재·장비 업체들이 우리나라로 모이고 있다. 우리나라는 반도체 소재·장비에서 크게 도약할 수 있는 황금 같은 기회를 맞이한 것이다.

Material 소재는 독점성이 강하다. 한번 사용하면 쉽게 다른 제품으로 바꾸기 힘들다. 시장지배력도 당연히 높다. 그래서 산업기반과 산업의 역사가 강한 선진국들이 이 분야에서 약진하고 있는 것이다. 선진국의 전유물이며 선진국의 척도이기 때문에 쉽게 도전하기 어려운 특성을 가지고 있다.

2018년 일본이 반도체에 필요한 소재 세 가지에 대한 수출규제를 하자 우리나라 기업들이 혼비백산한 상황을 상기해보자. 우리가 반도체 강국이라고 우쭐해 있었지만 이를 뒷받침할 소재분야는 상당히 취약했다는 것을 확인했다.

인텔의 Insider 전략을 기억해보자. 전세계에 판매되는 PC나 노트북은 각 회사들이 자사의 로고를 붙여 판매한다. 인텔은 이런 제품에 필요한 CPU를 공급한다. 산술적으로 삼성에서 파는 노트북보다 인텔이 내재된 노트북 판매가 훨씬 많은 이치이다.

Equipment 장비도 고려의 대상이다. 반도체의 기술특성이 어떻든지 간에 반도체 공장이 확대될수록 공장을 운영하기 위한 장비는 비례해서 증가한다. 그런데 소재회사와 마찬가지로 장비회사는 늘어나는 수요만 보고 공장에 대규모 투자를 하지 않는다. 반도체는 호황과 불황을 오가는 사이클이 큰 산업이다. 호황만 믿고 먼저 생산시설을 늘려놓기 힘든 한계를 갖고 있다. 이러다보니 장비회사들은 시장이 출렁일 때 같이 출렁이는 구조로 돼 있다. 우리나라의 반도체 장비수요가 증가하고, 이웃한 중국에서 대대적 공장증설이 이뤄지고 있는 시점이 반도체 장비에 대해 시각을 바꿔나갈 좋은 타이밍인 것 같다.

시장상황도 소재·장비 투자에 우호적으로 흐르고 있다. 2021년 자동차용 반도체 부족으로 이미 홍역을 치른 바 있다. 앞으로는, 소재·장비의 Shortage에 대비해야 한다. 미국을 비롯한 한국, 중국, 유럽, 일본에서 한꺼번에 경쟁적으로 반도체 생산시설을 짓느라 여념이 없다. 일반적으로 매년 10개 정도의 Fab이 새로 공급되는데 현재의 계획대로 진행된다면 매년 20개 이상의 반도체 공장이 새로 생기게 된다. 이미 Shortage는 부분적으로 나타나고 있다. 반도체 회로기판인 PCB가 부족해 반도체가 있어도 제품을 만드는 최종단계 앞에서 막히는 현상들이 일어나고 있다. 본격적으로 Shortage가 일어나면 많은 분야에서 이런 일들이 벌어질 것이다. 지금의 상황은 예고편에 불과한 것이다.

　일반적으로 반도체는 생산라인 건설에 2~3년 소요되고, 이에 맞춰 장비를 들이고, 그다음에 소재를 구매하는 흐름이 있다. 현재 경쟁적으로 계획 중인 공장이 완공되는 2023년이 되면 장비와 소재의 Shortage는 충분히 예상된다. 소재·장비 회사에 물건을 구입하려고 장사진을 치는 모습이 그려진다.

　물론 소재·장비 시장에 변수가 생길 여지도 충분하다. 우리나라가 아니라 미국 쪽으로 쏠릴 수 있다. 미국 정부가 미국 내 충분한 소재·장비 시장을 만드는 과정에서 미국의 장비회사들이 해외진출에 소극적으로 움직일 수 있다. 미국 내 충분한 시장이 만들어진다면 굳이 해외에 갈 필요가 낮아지는 것이다. 미국이 생각하는 공급망 안정화의 최종 Output의 영향력이 소재·장비 분야에도 드러날 수 있는 것이다.

나가며

반도체 코리아가 새로운 선택의 길목에 서 있다. 미·중 갈등으로 반도체 시장이 많이 흔들리고 있다. 반도체는 디지털 혁신에서 핵심 역할을 하고 있다. 이런 상황에 반도체 시장이 얼마 정도 흔들릴지조차 가늠하기 힘들다.

반도체를 쥔 국가가 세계를 지배할 가능성이 높다. 미·중 게임은 거칠고 오랫동안 지속될 것이다. 글로벌 전문기관들이 예측하는 미국과 중국의 GDP가 뒤바뀌는 시점인 2030년 전후까지는 말이다. 자국 내 새로운 가치사슬을 만들려는 정책은 단기적으로 2~3년 안에 1차 승부가 예견돼 있다. 1차 승부가 나오는 시점에 세상은 많이 달라져 있을 것이다. 똑같은 파도에 맞닥뜨려도 이를 받아들이는 방식은 다르다. 파도가 몰아 칠 것을 미리 알고 생산과 시장을 저울질하며 파도에 대응하기 위한 전략을 펼칠 수도 있다. 파도 자체가 새로운 도약의 디딤돌이 되기도 한다. 파도가 많기로 유명한 강원도 양양의 바닷가에 서퍼들이 몰려드는 이유도 여기에 있다. 1차 승부처에서 파도에 휩쓸릴 것인지 아니면 파도타기를 할지는 오늘의 선택에 따라 달라질 것이다.

반도체 없는 한국은 상상조차 하기 끔찍하다. 우리나라 수출의 19%, 설비투자의 45%를 차지한다. 그만큼 순간의 선택이 운명을 좌지우지할 수 있다.

글로벌 필수재인 반도체에서 '대체불가능한 역량' 확보는 경제적 가치뿐만 아니라 국가의 안보와 존재감으로 연결될 것이다. 현재의 움직임이 하나씩 쌓여서 결과물을 낳는 법이다. 이는 단순히 그 업계에 있는 전문가만의 영역이 아니다. 정부는 바람막이 역할을 해야 한다. 새싹이 잘 자라기 위해서는 토양, 온도, 비료, 보살핌이 필요하다. 반도체 영역에서 경제와 안보가 결합되면서 토양이 바뀔 수 있는 상황이다. 서로 협력하는 것처럼 보이면서도 경쟁하는 구도에서 정부는 한국이라는 토양을 잘 가꾸고 지키는 역할이 중요하다. 조급증으로 빨리 결과를 재촉해서도 안된다. 그냥 기업이 공정하게 움직일 수 있는 환경을 만드는 데 집중해야 한다. 기업과 소통하고 기업의 애로사항을 해결해주는 것 말이다.

기업들은 투자를 위한 의사결정의 당사자이다. 어느 지역에 어떤 투자를 할지에 대한 판단은 과거의 경험이 큰 도움이 되지 않는다. 반도체 자체만의 문제가 아니라 인접한 산업과의 연결성이 늘어나면서 고려해야 할 요소가 증가한다. 가보지 않은 길이라 따져볼 새로운 요소도 늘어난다.

높은 탑을 쌓기 위해서는 기초공사가 중요하다. 그다음에는 한 단계씩 정성을 들여야 한다. 필요하면 현재 쌓고 있는 탑의 모양과 높이까지 바꾸는 노력도 해야 한다. 복잡할 때는 초심으로 돌아가서 다시 생각해보는 것도 좋은 해결책이 될 수 있다. 방향성을 갖고 이런 노력이 더해져야 그나마 반도체 코리아는 유지될 수 있을 것이다. 반도체의 여러 영역 가운데 우리가 잘할 수 있는 영역을 선별해내고 정책과 자금이 이 분야에 집중하도록 만드는 것도 중요하다. 시간이 그렇게 넉넉하지 않다.

반도체 전쟁, Winner의 조건

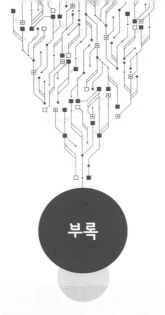

부록

내용 전개상 본문에서 생략했지만 꼭 알았으면 하는 내용을 담았다. 그림이나 표를 자세히 읽고 분석하면 누구나 반도체 전문가가 될 수 있다. 개인의 필요에 따라 활용하기를 추천드린다.

- Ⅰ. 국가와 반도체 : 1~6

- Ⅱ. 주요국 반도체 정책 : 7~15

- Ⅲ. 반도체 산업 & 기업 : 16~22

I. 국가와 반도체

1. 국가별 반도체 점유율 추이(1982~2019)

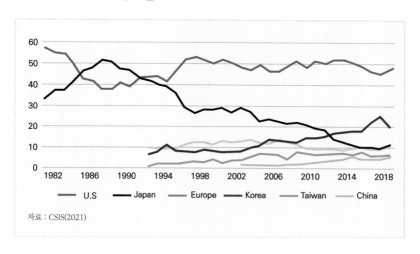

자료 : CSIS(2021)

2. 반도체의 분야별 부가가치와 국가별 비중

	Segment Value add	Market shares						
		U.S.	S. Korea	Japan	Taiwan	Europe	China	Other
EDA	1.5%	96%	⟨1%	3%	0%	0%	⟨1%	0%
Core IP	0.9%	52%	0%	0%	1%	43%	2%	2%
Wafers	2.5%	0%	10%	56%	16%	14%	4%	0%
Fab tools	14.9%	44%	2%	29%	⟨1%	23%	1%	1%
ATP tools	2.4%	23%	9%	44%	3%	6%	9%	7%
Design	29.8%	47%	19%	10%	6%	10%	5%	3%
Fab	38.4%	33%	22%	10%	19%	8%	7%	1%
ATP	9.6%	28%	13%	7%	29%	5%	14%	4%
Total value add		39%	16%	14%	12%	11%	6%	2%

주 : 국가별 비중은 기업의 본사 소재지 기준
자료 : CSET(2021)

3. 글로벌 반도체 무역구조

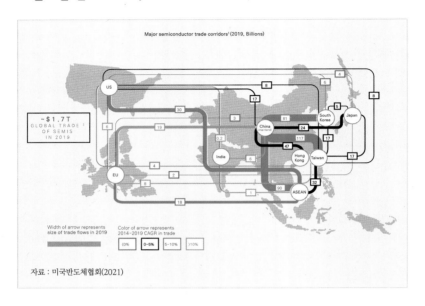

자료 : 미국반도체협회(2021)

4. 미국의 주요 반도체 공장 분포

Company	# of Fabs	Location	Products
GlobalFoundries	2	Malta, NY	Foundry
GlobalFoundries	1	East Fishkill, NY	Foundry
Intel	2	Chandler, AZ	IDM/Logic
Intel	4	Hillsboro, OR	IDM/Logic
Intel	2	Albuquerque, NM	IDM/Logic
Micron	1	Boise, ID	R&D/Pilot
Micron	1	Lehi, UT	IDM/Memory
Micron	2	Manassas, VA	IDM/DRAM
Samsung	2	Austin, TX	IDM/Foundry
Skorpios	1	Austin, TX	Pilot Fab
Texas Instruments	1	Richardson, TX	IDM/ Analog
Texas Instruments	1	Dallas, TX	IDM/ Analog

자료 : The White House(2021)

5. 미국의 주요 주별 반도체 고용인력

	2019 Semiconductor Manufacturing Employment	% of U.S. Semiconductor Manufacturing Employment Total
California	42,211	23%
Texas	29,218	16%
Oregon	26,894	15%
Arizona	19,272	10%
Florida	8,613	5%
Idaho	8,214	4%
Massachusetts	8,114	4%
New York	6,822	4%
North Carolina	5,283	3%
Washington	3,320	2%
Top 10 States Total	157,961	86%
United States Total	184,632	100%

자료 : 미국반도체협회(2021)

6. 미·중 반도체 부문별 경쟁력 비교

상	중	하	*Bold는 범주

6-1. 미국의 부문별 경쟁력

R&D	Lithography tool	Assembly & pkg	CMP
	EUV scanner	Assembly inspection	
Design	ArF immersion	Dicing	**Ion implant**
Logic	ArF dry	Bonding	Low current
CPU	KrF stepper	Packaging	High current
GPU	i-line stepper	Integrated assembly	High voltage
FPGA	Mask aligner		Ultra high dose
AI ASIC	E-beam lithograph	**Testing tool**	
DRAM	Laser lithograph	Memory	**EDA Software**
NAND	Imprint lithograph	System-on-a-chip	
OSD	Resist processing	Burn-in	**Core IP**
		Linear & discrete	
Fab	**Deposition**	Handlers	**Raw material**
Logic	Chemical vapor		
Logic foundry	Physical vapor	**Wafer & mask**	**Fab material**
Logic IDM	Rapid Thermal	Wafer manufacturing	Wafer
Advanced logic	Tube-based	Wafer & mask handling	Photoresist
Memory	Spin coating	Wafer marking	Photomask
Analog	Electrochemical		CMP
Optoelectronic		**Process control**	Deposition
Sensor	**Etch & Clean**	Wafer inspection	Electronic gase
Discrete	Dry etch & clean	Photomask inspection	Wet chemical
	Atomic layer etch	Wafer level inspect	
ATP	Wet etch & clean	Process monitoring	**Pkg material**

자료 : The Semiconductor Supply Chain : Assessing National Competitiveness(2021), CSET

6-2. 중국의 부문별 경쟁력

R&D	Lithography tool	Assembly & pkg	CMP
	EUV scanner	Assembly inspection	
Design	ArF immersion	Dicing	**Ion implant**
Logic	ArF dry	Bonding	Low current
CPU	KrF stepper	Packaging	High current
GPU	i-line stepper	Integrated assembly	High voltage
FPGA	Mask aligner		Ultra high dose
AI ASIC	E-beam lithograph	**Testing tool**	
DRAM	Laser lithograph	Memory	**EDA Software**
NAND	Imprint lithograph	System-on-a-chip	
OSD	Resist processing	Burn-in	**Core IP**
		Linear & discrete	
Fab	**Deposition**	Handlers	**Raw material**
Logic	Chemical vapor		
Logic foundry	Physical vapor	**Wafer & mask**	**Fab material**
Logic IDM	Rapid Thermal	Wafer manufacturing	Wafer
Advanced logic	Tube-based	Wafer & mask handling	Photoresist
Memory	Spin coating	Wafer marking	Photomask
Analog	Electrochemical		CMP
Optoelectronic		**Process control**	Deposition
Sensor	**Etch & Clean**	Wafer inspection	Electronic gase
Discrete	Dry etch & clean	Photomask inspection	Wet chemical
	Atomic layer etch	Wafer level inspect	
ATP	Wet etch & clean	Process monitoring	**Pkg material**

자료 : The Semiconductor Supply Chain : Assessing National Competitiveness(2021), CSET

Ⅱ. 주요국 반도체 정책

7. 미국의 수출 관련 Country Group과 적용되는 Rules

미국이 관리하는 수출 관련 Country Group과 해당 국가에 적용되는 Rule은 수출통제규제EAR, Export Administration Regulations에 따라 상무부 산하 산업안보국에서 관리하고 있다. Country Group은 2021년 3월 8일 개정본이며, 적용되는 Rule은 2019년 11월 5일 개정본이다.

Country Group과 적용되는 Rule의 관계

Country Group(2021.3.8 개정)

A
- 국제 무기수출 협정 가입국
  - Wassenaar Arrangement
  - Missile Tech Control Regime
  - Australia Group
  - Nuclear Suppliers Group
- 해당 국가(52개)
  - 큰 국가(한국 포함)

B
- 특별한 조건 없음
- 모든 국가(175개)

C
- 공란

D
- 특정 기술, 무기 소유, 개발국
  - National Security
  - Nuclear
  - Chemical & Biological
  - Missile Technology
  - U.S Arms Embargoed Countries
- 해당 국가(48개)
  - 중국, 홍콩, 북한 포함

E
- 테러리스트 지원 & Embargo
- 해당 국가(4개)
  - 북한, 쿠바, 이란, 시리아

Country Group별 적용 Rules(2019.11.5 개정)

최종가격에서 미국산 기술, 제품 사용 비율

- 0% Rule : 군사무기 또는 군사무기에 사용될 Item
  - 해당 국가(25개)
    : D그룹 가운데 U.S Arms Embargoed Countries(21개)
    : E그룹 전부(4개)
- 10% Rule : 음식, 약을 제외한 대부분의 Item
  - 해당 국가(4개)
    : E그룹 전부
- 25% Rule : 음식, 약, 일부 Software를 제외한 Item
  - 해당 국가
    : E그룹을 제외한 대다수 국가

Country Group A

Country	[A: 1] Wassenaar Participating States	[A: 2] Missile Technology Control Regime	[A: 3] Australia Group	[A: 4] Nuclear Suppliers Group	[A: 5]	[A: 6]
Albania						X
Argentina	X	X	X	X	X	
Australia	X	X	X	X	X	
Austria	X	X	X	X	X	
Belarus				X		
Belgium	X	X	X	X	X	
Brazil		X		X		
Bulgaria	X	X	X	X	X	
Canada	X	X	X	X	X	
Croatia	X		X	X	X	
Cyprus			X	X		X
Czech Republic	X	X	X	X	X	
Denmark	X	X	X	X	X	
Estonia	X		X	X	X	
Finland	X	X	X	X	X	
France	X	X	X	X	X	
Germany	X	X	X	X	X	
Greece	X	X	X	X	X	
Hungary	X	X	X	X	X	
Iceland	X	X	X	X	X	
India	X	X	X		X	
Ireland	X	X	X	X	X	
Israel	X					X
Italy	X	X	X	X	X	
Japan	X	X	X	X	X	
Kazakhstan				X		
Korea,South	X	X	X	X	X	
Latvia	X		X	X	X	
Lithuania	X		X	X	X	

Country	[A: 1] Wassenaar Participating States	[A: 2] Missile Technology Control Regime	[A: 3] Australia Group	[A: 4] Nuclear Suppliers Group	[A: 5]	[A: 6]
Luxembourg	X	X	X	X	X	
Malta			X	X		X
Mexico	X		X	X		X
Netherlands	X	X	X	X	X	
New Zealand	X	X	X	X	X	
Norway	X	X	X	X	X	
Poland	X	X	X	X	X	
Portugal	X	X	X	X	X	
Romania	X		X	X	X	
Russia						
Serbia				X		
Singapore						X
Slovakia	X		X	X	X	
Slovenia	X		X	X	X	
South Africa	X	X		X		X
Spain	X	X	X	X	X	
Sweden	X	X	X	X	X	
Switzerland	X	X	X	X	X	
Taiwan						X
Turkey	X	X	X	X	X	
Ukraine		X	X	X		
United Kingdom	X	X	X	X	X	
United States	X	X	X	X		

Country Group B
Countries

Afghanistan	El Salvador	Marshall Islands	Slovakia
Albania	Equatorial Guinea	Mauritania	Slovenia
Algeria	Eritrea	Mauritius	Solomon Islands
Andorra	Estonia	Mexico	Somalia
Angola	Ethiopia	Micronesia, Federated	South Africa
Antigua and Barbuda	Fiji	States of	South Sudan,
Argentina	Finland	Monaco	(Republic of)
Aruba	France	Montenegro	Spain
Australia	Gabon	Morocco	Sri Lanka
Austria	Gambia, The	Mozambique	Sudan
The Bahamas	Germany	Namibia	Surinam
Bahrain	Ghana	Nauru	Swaziland
Bangladesh	Greece	Nepal	Sweden
Barbados	Grenada	Netherlands	Switzerland
Belgium	Guatemala	New Zealand	Taiwan
Belize	Guinea	Nicaragua	Tanzania
Benin	Guinea-Bissau	Niger	Thailand
Bhutan	Guyana	Nigeria	Timor-Leste
Bolivia	Haiti	Norway	Togo
Bosnia & Herzegovina	Honduras	Oman	Tonga
Botswana	Hungary	Pakistan	Trinidad & Tobago
Brazil	Iceland	Palau	Tunisia
Brunei	India	Panama	Turkey
Bulgaria	Indonesia	Papua New Guinea	Tuvalu
Burkina Faso	Ireland	Paraguay	Uganda
Burundi	Israel	Peru	Ukraine
Cameroon	Italy	Philippines	United Arab Emirates
Canada	Jamaica	Poland	United Kingdom
Cape Verde	Japan	Portugal	United States
Central African Republic	Jordan	Qatar	Uruguay
Chad	Kenya	Romania	Vanuatu
Chile	Kiribati	Rwanda	Vatican City
Colombia	Korea, South	Saint Kitts & Nevis	Western Sahara
Comoros	Kosovo	Saint Lucia	Zambia
Congo(Democratic	Kuwait	Saint Vincent and the	Zimbabwe
Republic of the)	Latvia	Grenadines	
Congo(Republic of the)	Lebanon	Samoa	
Costa Rica	Lesotho	San Marino	
Cote d'Ivoire	Liberia	Sao Tome & Principe	
Croatia	Lithuania	Saudi Arabia	
Curaçao	Luxembourg	Senegal	
Cyprus	Macedonia, The Former	Serbia	
Czech Republic	Yugoslav Republic of	Seychelles	
Denmark	Madagascar	Sierra Leone	
Djibouti	Malawi	Singapore	
Dominica	Malaysia	Sint Maarten(the Dutch	
Dominican Republic	Maldives	two-fifths of the	
Ecuador	Mali	island of Saint	
Egypt	Malta	Martin)	

Country Group D

Country	[D: 1] National Security	[D: 2] Nuclear	[D: 3] Chemical & Biological	[D: 4] Missile Technology	[D:5] U.S. Arms Embargoed Countries
Afghanistan			X		X
Armenia	X		X		
Azerbaijan	X		X		
Bahrain			X	X	
Belarus	X		X		X
Burma	X		X		X
Cambodia	X				
Central African Republic					X
China(PRC)	X		X	X	X
Congo, Democratic Republic of					X
Cuba		X	X		X
Cyprus					X
Egypt			X	X	
Eritrea					X
Georgia	X		X		
Haiti					X
Iran		X	X	X	X
Iraq	X	X	X	X	X
Israel		X	X	X	
Jordan			X	X	
Kazakhstan	X		X		
Korea, North	X	X	X	X	X
Kuwait			X	X	
Kyrgyzstan	X		X		
Laos	X				
Lebanon			X	X	X
Libya	X	X	X	X	X
Macau	X		X	X	

Country	[D: 1] National Security	[D: 2] Nuclear	[D: 3] Chemical & Biological	[D: 4] Missile Technology	[D:5] U.S. Arms Embargoed Countries
Moldova	X		X		
Mongolia	X		X		
Oman			X	X	
Pakistan		X	X	X	
Qatar			X	X	
Russia	X	X	X	X	
Saudi Arabia			X	X	
Somalia					X
South Sudan, Republic of					X
Sudan					X
Syria			X	X	X
Taiwan			X		
Tajikistan	X		X		
Turkmenistan	X		X		
United Arab Emirates			X	X	
Uzbekistan	X		X		
Venezuela	X	X	X	X	X
Vietnam	X		X		
Yemen	X		X	X	
Zimbabwe					X

Country Group E

Country	[E: 1] Terrorist Supporting Countries	[E: 2] Unilateral Embargo
Cuba		X
Iran	X	
Korea, North	X	
Syria	X	

8. 미국의 반도체 정책

8-1. 반도체 인센티브

관련 규정

국방수권법

USICA*

United States Innovation and
Competition Act

• CHIPS for America Act
Creating Helpful Incentives
produce to Semiconductors

• Endless Frontier Act

정책 운용

520억 달러 지원

• 공장 신·증설(390억 달러)
 – '22년 190억 달러
  * 자동차, 군사용 Legacy Chip
   20억 달러 포함
 – '23~'26년 매년 50억 달러

• 상업화 R&D(105억 달러)
 – '22년 50억 달러, '23년 20억 달러
 – '24년 13억 달러, '25~'26 매년 11억 달러

• 국방 펀드(20억 달러)
 – '22~'26년 매년 4억 달러
 – 국방 관련 기술개발

• 국제 펀드(5억 달러)
 – '22~'26년 매년 1억 달러
 – 해외 동맹과 기술안보 협력

1,200억 달러 지원

• 기초기술 R&D, 인력육성 등

• 자동차, 군사용 Legacy Chip
 20억 달러 지원 프로그램과 연계

8-2. 반도체 규제

관련 규정

정책 운용

국방수권법

상무부
(BIS, 산업안보국)

재무부
(OFAC, 외국자산통제국)

제한

- ECRA: 수출
  Export Control Reform
  Act

- FIRRMA: Inflow Investment
  Foreign Investment Risk
  Review Modernization Act

- 수입

- EAR 규정따라 수출규제
  Export Administration
  Regulation
  - **국가**: A, B, C, D, E 구분
  - **기업**: Black list 확정·관리
  - **상품**: 상거래통제목록

- Black list 확정·관리

- CFIUS 심의
  Committee on Foreign
  Investment in the United
  States

국제비상경제권한법

- Executive Order

- Outflow Investment

- 수출·입 관련 Black List
  확정·관리

- 투자관련 Black List
  확정·관리

- Black list 확정·관리

제제

- 수출기업이 End-user 보고
  의무화
- Black list 기업에 수출 시
  수출기업도 Black list에
  등재
- 단 사전허가 시 거래가능

- 위반 시 금융제제
  (자산동결, 달러결제망 불허)

재무부 이첩 후
금융제재

9. 중국의 반도체 정책

9-1. 반도체 인센티브

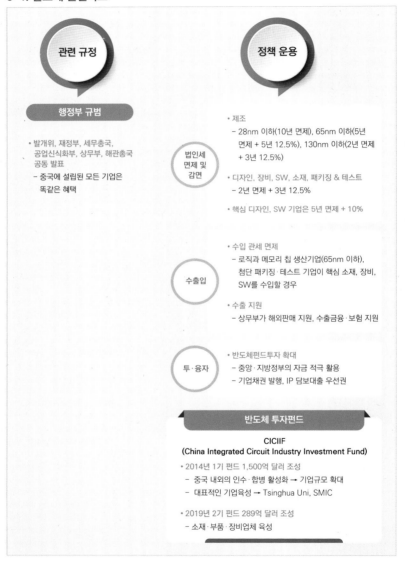

관련 규정

정책 운용

행정부 규범

• 발개위, 재정부, 세무총국,
 공업신식화부, 상무부, 해관총국
 공동 발표
 – 중국에 설립된 모든 기업은
  똑같은 혜택

법인세 면제 및 감면

• 제조
 – 28nm 이하(10년 면제), 65nm 이하(5년
  면제 + 5년 12.5%), 130nm 이하(2년 면제
  + 3년 12.5%)

• 디자인, 장비, SW, 소재, 패키징 & 테스트
 – 2년 면제 + 3년 12.5%

• 핵심 디자인, SW 기업은 5년 면제 + 10%

수출입

• 수입 관세 면제
 – 로직과 메모리 칩 생산기업(65nm 이하),
  첨단 패키징·테스트 기업이 핵심 소재, 장비,
  SW를 수입할 경우

• 수출 지원
 – 상무부가 해외판매 지원, 수출금융·보험 지원

투·융자

• 반도체펀드투자 확대
 – 중앙·지방정부의 자금 적극 활용
 – 기업채권 발행, IP 담보대출 우선권

반도체 투자펀드

**CICIIF
(China Integrated Circuit Industry Investment Fund)**

• 2014년 1기 펀드 1,500억 달러 조성
 – 중국 내외의 인수·합병 활성화 → 기업규모 확대
 – 대표적인 기업육성 → Tsinghua Uni, SMIC

• 2019년 2기 펀드 289억 달러 조성
 – 소재·부품·장비업체 육성

9-2. 반도체 규제

관련 규정

정책 운용

행정부 규범

- 주로 무역을 담당하는 상무부가 관리
- 외국인투자관련 발개위 관할

수출 금지·제한 기술목록 ('20.8)	• 23개 첨단기술 분야를 추가하여 전체 164개로 증가
	  – (금지)위성컨트롤 시스템, 정밀지도 제작
	  – (제한)3D 프린팅, 양자암호, 드론, AI

신뢰할 수 없는 기업 List ('20.9)	• 중국판 블랙리스트(Unreliable Entity List) • 중국의 국가 주권, 안보를 침해하거나, 중국 기업이나 개인에 대한 차별적 조치를 가할 경우 지정 → 제도만 만들어놓고 실제 시행은 안 함
수출통제법 ('20.10)	• 미국의 ECRA와 유사
외국법의 부당한 역외 적용 대응법 ('21.1)	• 부당한 외국법을 따르는 제3국 기업들에 손해배상 청구 가능(중국 내 법원) • 피해를 본 중국기업들에 정부의 지원근거 마련

외국인투자 안전심사법 ('21.1)	• 중국 국가안보에 영향을 주는 투자 사전심사
	• 발개위 주도로 중국기업 투자에 대한 외국인 투자자의 인수합병에 대한 심사
	  – (심사대상) 방위산업, 국가안보 관련
	     외국인 투자자의 지분이 50%를 넘을 경우

反외국제재법 ('21.6)	• 외국이 자국법률에 근거해 국제법을 위반하여 중국 기업이나 개인에 차별적인 조치를 취할 경우, 관련 외국인·기업을 블랙리스트로 관리

10. 중국의 해외반도체 인수시도 사례

연도	피인수 대상	분야	인수 주체	결과
2014	Ominivision	CMOS	Hua Capital Management	인수 성공
2015	Micron Technology	메모리	Tsinghua Unigroup	철회
	ISSI	팹리스	Uphill Investment	인수 성공
	Mattson Technology	식각 장비	Beijing E-Town Capital	인수 성공
2016	Western Digital Corporation	메모리	Unisplendour Corporation	불허·철회
	Aixtron SE	증착 장비	Fujian Grand Chip Investment Fund	대통령 지시·불허
2017	Lattice Semiconductor Corp.	팹리스	Canyon Bridge Capital Partners	대통령 지시·불허
2018	Qualcomm	팹리스	Broadcom	대통령 지시·불허
	Xcerra	테스트 장비	UNIC Capital Management Co.	불허·철회

자료 : 연원호(2021), KIEP

11. 중국의 반도체 Big Fund

반도체 펀드 1기 주요 투자 분야 　(단위 : %)

패키징테스트 10%
장비/소재 6%
IC 설계 17%
IC 제조 67%

반도체 펀드 1기 IC 제조 부문의 주요 투자 기업 (단위 : %)

기타 33%
칭화유니 31%
화홍반도체 6%
싼안광전 7%
SMIC 23%

자료 : SK증권(2021)

Big Fund 1기 투자 주체 및 비중

	투자 주체	금액(억 달러)	비중(%)
1	중화인민공화국재정부(中华人民共和国财政部)	52.2	36.46
2	국가개발금융유한책임공사(国开金融有限责任公司)	31.9	22.29
3	중국연초총공사(中国烟草总公司)	15.9	11.14
4	북경역장국제투자발전유한공사(北京亦庄国际投资发展有限公司)	14.5	10.13
5	중국이동통신집단공사(China Mobile)	7.2	5.06
6	상해국성 그룹(上海国盛集团)	7.2	5.06
7	우한금융공전 그룹(武汉金融控股集团)	7.2	5.06
8	기타	6.8	4.78
9	우선주발행	58.0	28.84
	합계	200	100.0

자료 : 연원호(2021), KIEP

12. 중국의 Tech Node별 장비 국산화 현황

장비	마스크 얼라이너	식각장비			박막형 실리콘 증착		산화물 반도체 열처리 장비	이온 주입기	CMP	세정기
		실리콘 식각 장비	금속 식각 장비	Dielectric Etching Machine	PVD	CVD				
기업	상하이 마이크로 전자	NAURA	NAURA	중웨이 반도체	NAURA	NAURA 선양뤄징	NAURA	CETC	CETC 화하이 칭커	NAURA 상하이성 메이
130nm	✓	✓	✓	✓	✓	✓	✓	✓	✓	✓
90nm	✓	✓	✓	✓	✓	✓	✓	✓	✓	✓
65nm		✓	✓	✓	✓	✓	✓	✓	✓	✓
45nm		✓	✓	✓	✓	✓	✓	✓		✓
28nm		✓	✓	✓	✓	✓	✓			✓
14nm		✓	✓	✓	✓	✓	✓			
7nm				✓						

자료 : SK증권(2021)

13. 바세나르 협정

1997년 출범했으며, 재래식 무기와 이중용도 제품과 기술의 통제에 관한 국제 협정이다. 냉전시기 공산권 국가를 견제하기 위해 설립된 Co-Com_{Coordinating Committee for Multilateral Export Controls}과 유사하며, 42개 국가가 참여하고 있다.

지역	국가
유럽·러시아	오스트리아, 벨기에, 불가리아, 크로아티아, 체코, 덴마크, 에스토니아, 핀란드, 프랑스, 독일, 그리스, 헝가리, 아일랜드, 이탈리아, 라트비아, 리투아니아, 룩셈부르크, 말타, 네덜란드, 노르웨이, 폴란드, 포르투갈, 루마니아, 슬로바키아, 슬로베니아, 스페인, 스웨덴, 스위스, 우크라이나, 영국
아메리카	아르헨티나, 캐나다, 멕시코, 미국
아시아·기타	호주, 일본, 터키, 인도, 한국, 뉴질랜드, 남아공

자료 : Wassenaar Arrangement 홈페이지(wassenaar.com)

13-1. 2019년 12월 정기 총회에서 개정된 이중용도 품목 통제 리스트 표지

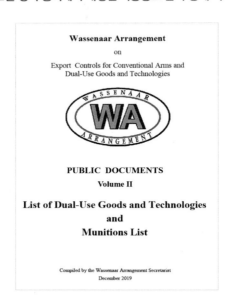

13-2. 바세나르 협정의 EUV 관련 내용

DUAL-USE LIST - CATEGORY 3 - ELECTRONICS

---

3. B. 1. i.   Imprint lithography templates designed for integrated circuits specified by 3.A.1.;

3. B. 1. j.   Mask "substrate blanks" with multilayer reflector structure consisting of molybdenum and silicon, and having all of the following:
  1. Specially designed for 'Extreme Ultraviolet' ('EUV') lithography; <u>and</u>
  2. Compliant with SEMI Standard P37.

Technical Note
'Extreme Ultraviolet' ('EUV') refers to electromagnetic spectrum wavelengths greater than 5 nm and less than 124 nm.

3. D. <u>SOFTWARE</u>

3. D. 1.   "Software" specially designed for the "development" or "production" of equipment specified by 3.A.1.b. to 3.A.2.h. or 3.B.

3. D. 2.   "Software" specially designed for the "use" of equipment specified by 3.B.1.a. to f. or 3.B.2.

3. D. 3.   'Computational lithography' "software" specially designed for the "development" of patterns on EUV-lithography masks or reticles.

Technical Note
'Computational lithography' is the use of computer modelling to predict, correct, optimise and verify imaging performance of the lithography process over a range of patterns, processes, and system conditions.

FEDERAL REGISTER

Vol. 85 Monday,
No. 193 October 5, 2020

Pages 62539–62920

OFFICE OF THE FEDERAL REGISTER

62584 Federal Register / Vol. 85, No. 193 / Monday, October 5, 2020 / Rules and Regulations

DATES: This rule is effective October 5, 2020.

FOR FURTHER INFORMATION CONTACT: For general questions, contact Sharron Cook, Office of Exporter Services, Bureau of Industry and Security, U.S. Department of Commerce at 202–482–2440 or by email: *Sharron.Cook@bis.doc.gov.*

For technical questions contact:
Category 2: Joseph Giunta at 202–482–3127 or *Joseph.Giunta@bis.doc.gov*
Category 3: Carlos Monroy at 202–482–3246 or *Carlos.Monroy@bis.doc.gov*
Category 5: Aaron Amundson or Anita Zinzuvadia 202–482–0707 or *Aaron.Amundson@bis.doc.gov* or *Anita.Zinzuvadia@bis.doc.gov*
Category 9: Michael Rithmire 202–482–6105 or Michael Tu 202–482–6462 or *Michael.Rithmire@bis.doc.gov* or *Michael.Tu@bis.doc.gov*
Category 9x515 (Satellites): Michael Tu 202–482–6462 or *Michael.Tu@bis.doc.gov*

SUPPLEMENTARY INFORMATION:

Background

ECRA and the decision of the WA to add the technologies to its control lists, thereby making exports of such technologies subject to multilateral control (following implementation by the United States and other WA participating countries).

To implement the WA control list changes, this rule adds to the EAR's CCL the following six recently developed or developing technologies that are essential to the national security of the United States: Hybrid additive manufacturing (AM)/computer numerically controlled (CNC) tools; computational lithography software designed for the fabrication of extreme ultraviolet (EUV) masks; technology for finishing wafers for 5nm production; digital forensics tools that circumvent authentication or authorization controls on a computer (or communications device) and extract raw data; software for monitoring and analysis of communications and metadata acquired from a telecommunications service provider via a handover interface; and sub-orbital craft.

Additive Manufacturing machines classified under ECCN 2B001 require a license to countries that have an "X" under columns NS column 2, NP column 1, or AT column 1. License Exception STA, as well as any applicable transaction-based license exceptions, are available if all of the criteria for the license exception are met and none of the restrictions in § 740.2 apply.

Category 3—Electronics

3D003 'Computational Lithography' "Software" "Specially Designed" for the "Development" of Patterns on EUV-Lithography Masks or Reticles

The Heading of 3D003 is revised to update controls on emerging Electronic Design Automation (EDA) or computational lithography software developed for Extreme Ultraviolet (EUV) masks. Extreme Ultraviolet Lithography (EUVL) introduces a number of issues that must be accurately modeled and corrected on the mask or reticle to produce optimized patterns in resist.

14. 미국, 중국, 유럽, 일본의 반도체 전략 비교

구분	주요 내용
미국	• 「CHIPS for America Act」를 통해 2024년까지 반도체 장비 및 제조시설 투자비의 40% 수준 세액공제, 150억 달러 규모의 연방기금 조성 후 미국 내 파운드리 건설 지원 • 「American Foundries Act of 2020」을 통해 반도체 설비 확충 및 핵심 생산기술 R&D에 250억 달러 투자
일본	• 첨단 반도체 양산체제 구축, 차세대 반도체의 설계 및 개발 강화, 반도체 기술의 그린이노베이션, 국내 반도체 제조기반 재생, 경제안전 보장 관점에서의 국제전략 추진 • 차세대 반도체 기술 개발을 위해 2,000억 엔, AI 칩 및 차세대컴퓨팅 사업에 100억 엔 투자
EU	• 2030년까지 글로벌 생산에서 EU 점유율 20% 달성 목표 • EU 예산 중 RRF(Recovery and Resilience Facility)를 통해 향후 2~3년간 1,450억 유로 투자
중국	• '중국제조 2025'를 통해 2025년까지 반도체 자급률 70% 달성을 위한 투자 강화 • 신시대 집적회로 산업과 소프트웨어 산업의 질적 발전 촉진을 통해 반도체 재료 및 설비 산업의 발전 촉진 • 제14차 5개년 경제규획(2021~25)을 통해 반도체 산업 육성

자료 : 오태현(2021), KIEP

15. 일본의 반도체 전략(2021년 6월)

전략	시책
전략 1: 첨단 반도체 제조기술의 공동개발과 파운드리의 국내입지	1. 미세화 프로세스 기술 개발 프로젝트(2nm 이후)
	2. 3D화 프로세스 기술 개발 프로젝트(3D 패키지, 칩렛 등)
	3. 첨단로직 반도체 양산공장의 국내입지
	4. AIST(産総研)를 중심으로 한 '첨단반도체제조기술컨소시엄'
	5. TAI(쓰쿠바이노베이션아레나)의 '반도체오픈이노베이션거점'화
	6. 반도체 제조 장치·재료 등의 선도적 연구(차세대 EUV용 장치·재료기술 등)
전략 2: 디지털 투자의 가속화와 첨단 로직반도체의 설계 강화	1. 포스트 5G 정보통신 시스템 관련 반도체 기술 개발
	2. 차세대 그린 데이터센터 기술 개발
	3. 차세대 차재(車載) 컴퓨팅 기술 개발
	4. 어플리케이션 시스템 기반 반도체 기술 개발
	5. 포스트 후가쿠(富岳)를 염두에 둔 연구개발
	6. 첨단로직 반도체의 설계 개발 거점
	7. AIST(産総研)의 '차세대 컴퓨팅 기반 개발거점'화
전략 3: 반도체 기술의 그린이노베이션 촉진	1. 차세대 파워반도체 기술 개발
	2. 차세대 그린 데이터센터 기술 개발(재게)
	3. 차세대 엣지 컴퓨팅 기술 개발·초분산 그린 컴퓨팅 기술 개발
	4. 차세대 차재(車載) 컴퓨팅 기술 개발(재게)
	5. 에너지 저감 일렉트로닉스 사업
	6. 광(光)일렉트로닉스 사업
	7. 탄소중립 투자촉진세제
전략 4: 국내 반도체 산업의 포트폴리오와 레질리언스 강인화	1. 공급망 강인화
	2. 하이엔드·미들레인지 공장의 입지대책
	3. 기존 공장의 쇄신
	4. 유틸리티 비용 저감
	5. 반도체 분야의 기술개발목표 공유
	6. 대학 등의 반도체 연구 환경 정비
	7. 인재육성·기술계승

자료 : 김규판(2021), KIEP

Ⅲ. 반도체 산업 & 기업

16. 반도체 가치사슬 및 기업유형

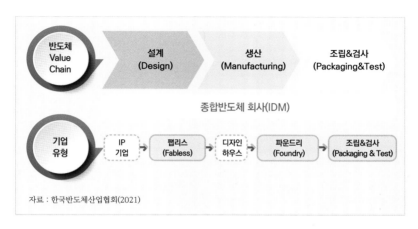

자료 : 한국반도체산업협회(2021)

17. 웨이퍼 크기의 발전

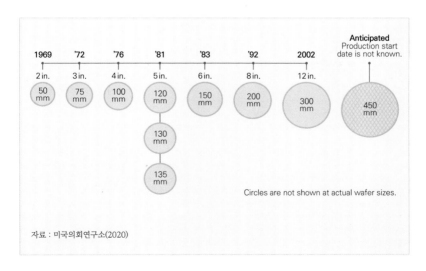

자료 : 미국의회연구소(2020)

18. 2020년 반도체 매출 Top 10 기업

순위	업체	매출(억 달러)	시장점유율(%)	연간 성장률(%)
1	Intel	728	15.6	7.4
2	Samsung	577	12.4	10.2
3	SK Hynix	259	5.5	16.0
4	Micron	220	4.7	8.8
5	Qualcomm	176	3.8	29.5
6	Broadcom	158	3.4	2.8
7	Texas Instruments	136	2.9	1.9
8	Media Tek	110	2.4	38.1
9	Nvidia	106	2.3	45.2
10	Kioxia	104	2.2	32.5
합계		2,574	55.2	

자료 : 조선일보(2021)

19. 반도체 분야별 리더 기업(2020년)

Logic				Memory		Analog
PC CPU	Mobile CPU	GPU	FPGA	DRAM	NAND	
Intel – 78%	Qualcomm – 29%	NVIDIA – 82%	Xilinx – 52%	Samsung – 42%	Samsung – 33%	Texas Instruments – 19%
AMD –22%	MediaTek – 26%	AMD – 18%	Intel – 36%	SK Hynix – 30%	Kioxia – 20%	Analog Devices – 10%
	HiSilicon – 16%		Microchip Technology – 7%	Micron –23%	Western Digital – 14%	Infineon – 7%
	Samsung – 13%		Lattice – 5%		SK Hynix – 12%	Skyworks – 7%
	Apple – 13%				Micron – 11%	ST – 6%
					Intel – 9%	NXP – 5%

자료: The White House(2021)

20. 메모리반도체 글로벌 시장점유율(2020.4Q)

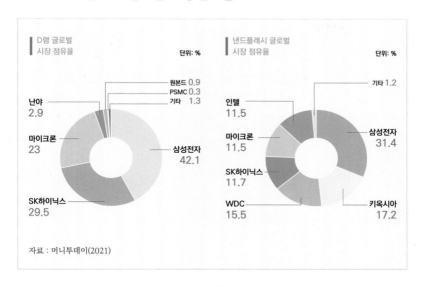

자료 : 머니투데이(2021)

21. 반도체 장비 글로벌 시장점유율(2019년)

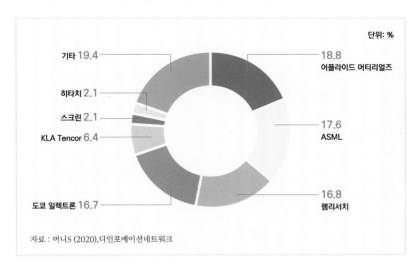

자료 : 머니S (2020),디인포메이션네트워크

22. 상위 10대 OSAT 기업 점유율(2020년)

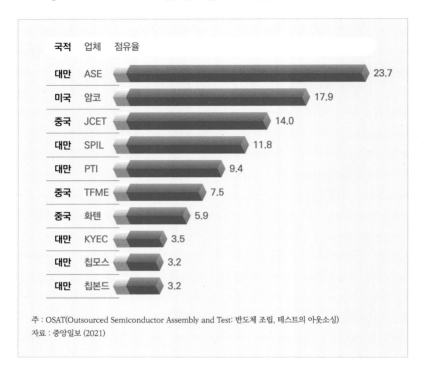

국적	업체	점유율
대만	ASE	23.7
미국	암코	17.9
중국	JCET	14.0
대만	SPIL	11.8
대만	PTI	9.4
중국	TFME	7.5
중국	화텐	5.9
대만	KYEC	3.5
대만	칩모스	3.2
대만	칩본드	3.2

주 : OSAT(Outsourced Semiconductor Assembly and Test: 반도체 조립, 테스트의 아웃소싱)
자료 : 중앙일보 (2021)

저자소개_ 최 낙 섭

미·중 갈등 전문가로서 기업이 직면하거나 직면할 수 있는 기회와 위기를 선제적으로 분석하고 제안하는 일을 하고 있다. 현재 SK그룹의 교육·연구 플랫폼인 mySUNI에서 일하고 있으며, 세상을 읽어 내는 힘에 관심이 많다. 한국경제신문에서의 기자 생활과 중국 칭화대학에서의 유학 경험이 오늘의 세상을 읽어내는데 큰 도움이 되고 있다. 일상 생활속에서 자강불식(自强不息)을 실천하려고 노력중이다.

반도체 전쟁, Winner의 조건

초판 1쇄 인쇄 2022년 5월 10일
초판 1쇄 발행 2022년 5월 15일

저　자　최 낙 섭
펴낸이　임 순 재
펴낸곳　(주)한올출판사
등　록　제11-403호
주　소　서울시 마포구 모래내로 83(성산동 한올빌딩 3층)
전　화　(02) 376-4298(대표)
팩　스　(02) 302-8073
홈페이지　www.hanol.co.kr
e-메일　hanol@hanol.co.kr
ISBN　**979-11-6647-228-2**

반도체 전쟁, Winner의 조건